# 次代を拓く！
# エコビジネスモデル

## 経済活動と人間環境の共生を図る

野澤 宗二郎［著］

日本地域社会研究所

コミュニティ・ブックス

# はじめに

ベンサムの最大多数による最大幸福論、そして人間は快楽を求め、苦痛を避ける功利的存在であるとの考え方は、言葉自体にまず興味と期待感を持たせてくれる。人類社会が、こんな環境をつくり出すことができたら、願ってもない展開といえるだろう。しかし実際のところ、現代のほうがむしろ経済格差の大きい社会状況にあり、かえって実現困難な状態にあると考えられる。時代が進めば進むほど、生活レベルも向上し豊かになったはずなのに、現実は、規模の経済拡大と科学技術の向上、文化レベルと人口増加などの環境条件が飛躍的に変化し、その分、大量のエネルギーを消費。豊かというよりは止まることなくひたすら走り続けてきている印象が強い。

しかも、国家間で、そして企業間で過激な競争が繰り返され、勝ち組と負け組との格差は、途方もなく拡大し続けてしまったのが実態である。もちろん、その原因を詳細にとらえることは容易ではなく、端的に、努力の度合いが違うと主張する人と、努力しないで怠けていたのだからと切り捨てる人など、双方の主張はどこまでも平行線をたどり、解決策を見つけ出すよりも、むしろ複雑さが増している現実の理解不足が本音なのだろう。

過去の数字をさかのぼり、綿密に分析したところで、将来に生かせる筋道を探すことの難しさが、理不尽に曲折して跳ね返ってくるだけである。むしろ、地球上にこれだけ生活圏が拡散している現状からみて、地政学的な面や生活環境など、最初から違いがあるのだから、比較すること自体に問題があるとの捉え方のほうが正しいのではないだろうか。

たとえば、すべての国が常夏の国だったら、目の色を変えてまで懸命に働くだろうか。逆に、すべてが氷に閉ざされた国だったら、これほど激しい経済競争は起こらなかっただろう。それでも、程度の差はともかくとして格差問題は避けられず、競争関係をなくすこともできない。人間社会に上下関係があるのは宇宙環境に支配されているからだとの説の成否はともかくとして、ここまで経済発展を成し遂げることができた背景には、競争原理に裏打ちされた累積的成果と科学技術の発展、そして、規模拡大と功利的願望によるものと、ひとまず受け止めることにしよう。しかし、この環境を打破するには、最終的に公的機関による制約を設ける一方的手段しか対処方法が見い出せないとしたら寂しい限りであり、民の健全な意識の参画も欠かせない要件といえるだろう。

そして、人間の本性ともいえる欲望と功利主義的意識も、多くの場合、ビジネス活動を要因にして惹起されていると受け止めることができる。つまり、生命を維持するには食料の確保が必須の条件であり、そのため、あらゆる知恵を絞り工夫を重ね、安定確保にひたすら努めなければならない。全員が協力し、役割分担して働くことの意味も、そこから必然的に生まれてきたのだといえる。仲間同士や外部との競争関係が厳しくなるに従い、組織を拡大し力を蓄え、有利に事を運ぶため、技術開発や新しい手法を考え出してきたのである。そしてさらに組織的な産業活動を進展させる欲望から先陣争いが激しさを増して、陣取り合戦が繰り返されている。その競争関係に生き残るために、地球上のあらゆる場所で手段を選ばない戦略が次々と展開され、資源の乱獲や化学薬品の使用などにより、多くの産業被害を生み出してしまった。

しかしその反面、競争があることで多くの事態が改善され、産業も発展し、新たな商品が市場に出まわり、皮肉なことに、生活環境も飛躍的に向上させることができた。並行的に科学技術や文化の発展などを通じ、目まぐるしいほどの恩恵に浴してきた。

その事実は否定できないものの、避けて通れないのが、事業規模の拡大や利益を生み出すことの欲望には限界がなく、その矛先が、物言わぬ自然環境や生態系に悪影響を及ぼしてしまったことである。そこは大いなる反省点として自覚しなければならない。生活基盤を支えている地球という大本命に対して勝手な振る舞いを行ない、恩を仇で返す状況に巻き込んでしまった行為を痛感し、最善の努力を通じ、回復の道筋を明確にしなければならない局面に直面していると、真摯に受け止めたい。

本書では、そんな環境条件を少しでも改善させ、動植物に感謝し、生態系を持続的に回復させる方策を探るべく、経済や経営的視点に加え、生命や樹木と土壌などとの関係性が深い項目も取り上げ、及ばずながらアプローチしてみた。今後の参考になれば幸いである。

パートⅠでは、ビジネスモデルノートとして考え方のベースになる項目を取り上げ、パートⅡでは、揺れ動くビジネスモデルとして、循環型組織やＡＩ環境の変化にともない直面する方向性と課題などについて、ビジネスの視点を考慮に入れまとめた。とりわけ、注目の人工知能の動向は、近年にないほどの影響力と躍進の可能性を秘めているだけに、少しも目が離せないテーマとして冷静に受け止め、明日の幸せを信じ前向きに注視していきたい。

# 目次

# パートI
# ビジネスモデルノート

# 1. 地球人であること

地球上の形があるものすべては、たとえ、どんなに硬い物質であっても、宇宙の法則とされる絶対的現象を回避できない環境下に置かれている。生物も酸素、水素、一酸化炭素などによる化学作用や体内の酵素、微生物、細胞、ミトコンドリア、そして、太陽エネルギーなどの複雑な関係性と循環活動を続けてきた。

さらに、食べ物を取り込み生き残るためのエネルギーに転換し、目まぐるしいほどの変転と数奇な進化のプロセスを乗り切り、現実の形態を形成している堆積物であると表現することもできるだろう。物事すべてが時間との掛け算であり、しかも、基本的には形あるものには例外なく、誰にも何事にも公平に時間が与えられている。

それだけに、この世に生命を授けられた以上、漫然と意味もなく無為に過ごしていては、すべてのエネルギーの素である貴重な太陽エネルギーを浪費しているに等しいと皮肉を言われても、反論の根拠がなくなってしまう。

ただ現実的には、個々の意識とはかけ離れ、不運が重なり、目的意識を失い、無意味に時間を過ごしてしまう意外な実態や、度重なる精神的苦痛に喘いでいるケースなどが途切れることなく報じられるたびに、むしろ近代化と多様化された社会のほうが対応が難しく、複雑な事態が誘発されやすいように感じられてならない。

幸いにして、いま現実に直面しているIT化社会は、これまでと桁違いの多面的なメリットや技術革新が期待されるだけに、これまでの教訓を手本にして綿密な対応策を練り上げ、手抜かりのない救済態勢を確立したいものだ。同時に、動植物や環境全般への目配りも忘れることはできない。

しかし、そう堅苦しく考え始めると、人生が息苦しいことばかりで素気ないものに思えてしまうこと請け合いだ。大多数の人が日常生活に異常を感ずることや、ストレスに押しつぶされそうになることが、頻繁に起こるわけではないのが、せめてもの救いになっている（例外もあるけれど）。この「ストレス」という言葉だが、これ自体は19世紀以降のものであり、何か苦しいことがあったり、体調がすぐれないときなど、その原因は過労やストレスだろうと、日常的に便宜的な理由づけとして安易に多用されすぎている傾向が感じられる。医師でさえも、病名や原因を特定できないようなときに、よく使うようだ。現代病を象徴し、あいさつ代わりの代名詞のように乱用されている印象を受けることさえある。誠に使い勝手のよい言葉である。

それよりも、薬やサプリメントなどに頼ることなく、ポジティブな自己意識を持つことのほうが、自律的で健康志向への意欲と積極性を呼び戻し、メリハリの利いた日常生活が送れるのではないだろうか。常日頃、平凡な日常に疑問も抱かず、ありきたりの考え方に甘んじ、周りから埋没していることに気づかないタイプの人のほうが、社会の変化にも無関心であり惰性に押し流されていても、外部から見るほど苦痛に感じることもなく、かえって悩みも少ないのではと思ったりする。

最近の傾向から透けて見えることは、出世争いまでしてリーダーになって苦労するよりも、家族や自分の生き方を大切にしようと考える人が増えているのではないかということだ。人のやらないことをやり、人それぞれであり、多様な価値観を尊重するうねりは、強くなるばかりである。

同時に、基本となる「家族」を中心にした生活重視と大事な個性と持ち味を、どんな形で持続させるのか、どういう環境を選択するのが最良なのか。特定の場所や職業にとらわれることなく、自由な発想で実行に移すパターンが、さらに増える傾向が見て取れる。個々人の生きがいとは、当事者しか知ることができないのだから、下手な口出しをして個性を殺してしまうような愚は最小限に抑えること。いつの時代にも、生きるための現実は、悩まされることのほうが多く、正解など誰にもわからない。だから、あれこれ口を挟むよりも、もう少し大らかな気持ちを持ち、個々の主体性に任せること。つまり、個人の深入りは禁物だという教訓ではないだろうか。それとも、今以上に柔軟で積極的対応の大切さを、それとなく促しているのだろうか。また、真実だけが正義とはいえない事態に遭遇することも、頭に留めておきたい。

さて場面は変わり、植物も動物も祖先をたどれば同じ遺伝子から枝分かれしていることを知るにつけ、その意外性に多くの人が一瞬驚くことだろう。

この頃、「擬人化」とか「擬人化バイアス」という、「人」だけが特別な存在だと考えがちな傾向に警鐘を鳴らし、むしろ、海水や植物の存在なくして、人類が新参者としてこの世に生命を授けられることがなかった恩を思い返してみよう。そして、時代が進み、取り巻く情勢の変化にともない、むやみに優位性を誇示することの無意味さを悟り、冷静な態度で物事の本質を見つめ直そうという貴重な機会が到来している（もちろん、振り返ればいつの時代も同じようなことが繰り返されてきていた。ただ現代は、変化のスピードが自然の自律性を上まわり、人工的な力に誘導されすぎている傾向が見受けられる）。そんな機運が、以前に増してあちこちで見受けられるようになったのは嬉しいことでもある。

※ルイーズ・バレットは、著書『野生の知能』のなかで、「擬人化」の解釈に関して、本来は人間の特性を神々に投射することをいったものだが、さらに、人間とはほど遠いものに人間の姿形を認める擬人化であり、もう一つは、対象物に自分と同じような思考、感情、情動を持たせる、つまり万物を擬人化するだけでなく、生命までも吹き込んでしまおう、との考え方であると述べている。

ともかく、あらゆる事象に関わる動と静の交錯が、歴史的、時間単位に分類され、その時々を鮮やかに彩ってきた主役たち。その交替劇に関する紆余曲折の詳細を最大限の客観性を意図してまとめ上げてきた表現の中身であるため、批判することはできても、全面的に否定する根拠は、簡単には見つかりそうにない。しかし、多くの物事は矛盾点を抱え中断されても、また繰り返されるたびに修正され進展しているのに対し、ありがたいことに、生命自体は持続され中断されることもなく、現実に対応して進化し続け、この世に対峙できている。あまり細かい事柄はともかくとして、目の前の、まがうこともない、ありのままの現代人が存在している事実に乾杯するほうが、前向きで健全というものだろう。

もう少し泥臭く、これらのくだりを取り上げてみたい。ただ、数えきれない数の生物の中からはい上がり、唯一知的能力を持つことができたのは人類だけであると、どんなに擬人化して粋がってみても、本質をたどれば巨大な宇宙空間と太陽の存在抜きにしては、何事も語れない実態に突き当たる。物理学的には、エントロピーや重力の働き、太陽エネルギーの存在など難しい理屈はともかく、人がこの世に存在していること自体に最高の敬意を表さなくては、ここでの物語は前に進まない。

こうしたすべての現象が進行形を基軸とした時間軸に支配されていながらも、変化が繰り返されるプロセスを通した進化の遺物こそが、人類の誕生である実態の重さが見えてくる。この奇跡ともいえる、宇宙空間の存在と足跡を評価することなど、茶番劇的でおこがましいことだと重々承知しているつもりだが、詳細を知ることへの好奇心は捨てがたく、ついつい、耳をそばだてないわけにはいかなくなる。

あたかも、神の見えない糸に操られているかのように、もしくは、宇宙、自然現象が彩の目のように織り込まれ、ときにはもつれ、絡み合いつつも次なる次元に進化し、既定路線のように勝者が弱者を抱え込み、しゅくしゅくと膨大な時が刻まれてきた現実を、隙間から密かに覗き見するレベル程度に終わってしまっても構わない。ともかく理屈抜きにして、この営みの中に身を置くことができた、かすかな生命の一員としての幸せを、謙虚にして素直に受け止めなければならない。しかしながら、その時間の使い方は、個人の占有権であり、誰にも侵害されることのない最大の財産なのだから、傍からとやかく言われるのは不愉快な思いしか頭に浮かんでこない。そこにこそ、生きている喜びも湧き出てくる。

ともかく、宇宙という外縁と地球という内的エネルギーが、動的かつ連鎖的に作用し、悠久の遥かな時間が悠々と流れてきた事実に圧倒され、暦の流れと関連的事柄の神秘さに、わずかでも近づこうともがき続けている、と表現したほうが正確な描写ではないだろうか。ただし、この手の検証は後付けの知恵を総動員したとしても、どこまでいっても、部分的で推測的な予測値に近づけるのが精一杯であり、まして全貌を知ることなど、どんなにもがいてみても不可能であり、無理難題であることは、承知の上ではあるけれど。

実際、日々の活動サイクルや近未来を予測するくらいが精一杯であり、それ以外には、常に仮説、推測に近い状況を受け入れる姿勢のほうが話題も豊富になり、無駄話の輪に参加しやすくなるというものだ。それでも、その道の専門研究者は、そんな雑音は眼中になく、ひたすら新たな発見を信じて、日進月歩による積み上げを怠らない。むしろ、いかなる成果も、絶対ではなく時間とともに評価が移り変わるため、その時々に認められているレベル以上の発見であれば、たとえわずかな成果や近似値であっても、次の段階への期待感が芽生えてくる。過去の成果との整合性と未来を切り開く努力こそ、新たな宝物に遭遇できる絶好の機会であると、あえて口にするまでもなく、つけ加えたくなる。

それにしても、近年の宇宙物理学を中心にした研究の飛躍的成果には、目を見張るものがある。その驚きの進展ぶりを聞きかじってしまうと、近頃時々耳にする、ニュートンの偉大な発見に関する時代的評価に対して、私が少し的外れの素人判断を持ち込んでも非難されないのではないかというほど、状況の移り変わりが速い。歴史がなせる、止めることのできない業であり、時代的に積み上げられた成果に対する、進化という贈り物なのだから、非難する理由などどこにも見出すことはできない。この点については、複雑性の項目でもう少し詳しい経緯を取り上げたい。

何はともあれ、そのダイナミックでドラスチックな宇宙のドラマは、何億年も途絶えることを知らぬげに、しかも飽きることもないかのごとく、連綿と繰り返されている。この空間に、短い時間しか滞留していない人類からすれば、不可避的な現象と驚異的な時間の流れとしか、表現の手段は思いつかない。もちろん、進化と発展、エネルギーの衝突と破壊、化学反応による結合と消滅などが繰り返されてきた姿そのものであることは、否定できない事実と認識している。その一方で、今後、科学技術が飛躍的に進歩したとしても、またどのように粋がってみても、たとえば、身近と思える、地球全体に生息する生物の数でさえ特定するのが、とうてい不可能といわざるを得ない現実の困難な実態から、宇宙現象の複雑性と偉大さまで知ろうとしても、推測と仮説レベルで終わってしまうのが落ちであろう。だからと言って、諦めるのではなく、挑戦する意義はどこまでも捨てきれないのは明白である。

もちろん、１８０万種ともされる地球上の生物を特定することは不可能であっても、太陽光も届かない奥深い無酸素に近い海底に生息する生物こそ、生命誕生のカギを握っているとの研究者の所説を、頭から否定することはできない。深海の海底にある「アルカリ熱水噴出孔」に生息する生物が特定されているからである。この発見から、現在、人類の遠い祖先は、海から生まれてきたとの諸説を裏付ける有力な証拠を見つけ出すための研究が盛んであるが、もう少しドラスティクな理由づけも欲深く期待したくなる。また、日本の深海探査船しんかい６５００が、カリブ海の海底、水深５０００m付近で探索を行ない、新たに発見した熱水噴出孔周辺から持ち帰った各種の収集試料を分析し、人類誕生の謎を解明する試みに挑戦している。光合成発生に関連する、シアノバクテリアの役割や新たな発見が待ち遠しい。

これからも、岩石を餌にしている微生物の存在や新たな強力ウイルスの発生などによる脅威など、待ち構える新たな限界現象が休むことなく押しかけてくることだろう。このように、手に負えないような未知の巨大な障壁に対して、先手必勝という戦法で対処できるほど、宇宙現象はヤワな相手ではないことは言うまでもない。進化し続け、ひたすら新装備されていく捉えどころのない、永遠の対象として無言の圧力をかけ続けてくるのだ。

その一方、足元では、幼児期からさらされている、抗生物質使用による過保護的弊害の発生などの実態が明らかになり、医療技術の進歩による脆弱性の指摘が意外な盲点として浮き彫りになるなど、科学技術以前の、自律性や自然治癒の大切さも捨て去ることができない難しさを教えてくれている。進化ばかりに目が行きがちであるけれど、意外なことに、新たな微生物が抵抗勢力となって、人類存続の願望を揺るがしかねない事態を警告している所説も、全面的には否定できないことになる。これこそ物事は、直線的でなくジグザグする過程で反作用が働き、複雑化し絶えず変化していることの証ではないだろうか。

そして、地球創世記からの活動（地殻変動による種々の変形や隆起と沈降などの動き）によって起こった大変革を見逃すことはできない。たとえば、かつての南極大陸は樹木により緑に覆われていた。マントルの動きに伴う大陸間移動や海流の変化などにより、今日の地形に移動し、寒冷化したとの証拠がタスマニア島に残されているという。そのパワーは、想像もできない強烈さで発生したことが考えられる。そんな変革の大波により環境条件も単純な形から複雑な条件へと移行したため、それを乗り越え順応できた種だけが生き残り、進化し続けてきた。

そうした繰り返しが今日まで続いてきているが、人間社会には、こんな進化には目もくれず、いまだ原始生活に近い生活を続けている部族が存在する。あるいは、変化の中から、差別化が始まったようなケースもある。そう考えると、先住民族や少数民族、そして難民なども、この大地のうねりに発生原因があるととらえることができそうである。いつの時代にも、強靭な生命力を維持し踏ん張っている現実にこそ、学び取るヒントが隠されているものである。

かたや、宇宙旅行の夢や他の星への移住の試みを可能にすることはできても、あくまで、限られた一部の富裕層を満足させる局所的な現象でしかなく、人類全体の生き方まで変えることなど、夢のような話であり、実現できるか疑わしい。

それよりも大事なことは、足元における、強大な壁でもある自然現象に蹂躙され翻弄され、悪化一方の気候変動や現状の困難な諸課題である。加えて、民族間の紛争の多発や混乱するばかりの難民問題などにも目を向けなければならない。そんな状態を抱えながら、地球の全体を掌握し安寧を求めようとしても、むしろ、困難さが増し不安定化への対応に苦慮するばかりである。しかも、人間主体の思い上がった現状のパターンや思考認識を続けることへの、複合的な反作用的要件が増えていることの方が気にかかる。自然界からの反撃の増大と、一方で増え続ける人間同士の争い、人工物の飛躍的増大など便利さばかり追い求める矛盾点。科学技術やイノベーションが進めば進むほど細部においてリスクが増加し拡大する現実。こうしたことにどう対処していけば、満足な答えに近づくだろうか。人類がこの困難な課題から逃避することは不可避である以上、その終わりなき挑戦状に対処するための新たな視点が必要だと考えられる。自然環境を回復するためには、ソフトパワーによる実行力の行使と国際的協力体制こそ、最良の解決手段となるのではないだろうか。

しかし、特定の大国主義にはびこる優先意識を分析すると、動物特有の権力意識そのものであり、いつまでも悲しき現実に惑わされ、傍若無人の態度で、肝心なときに拒否権を振り回す見苦しい場面にしばしば直面する。世界大戦の残滓ともいえる大国の独善と権力に固執する意識構造は、情報が地球上に飛び交うこの地球主義ともいえる時代になっても、改革に向け転換を図ろうとする兆しは、一向に見えてこない。これ見よがしの、国益優先の既得権意識を掲げる卑屈な政治手法に対する改革提案などは、いとも簡単に否決されてしまう。これでは、力対力で一番力の強いオスがリーダーとして君臨する動物社会特有の構造となんら変わりがない。人間社会も動物社会から派生した特異系なのだから、何の違和感もなく、知恵のあるものや力の強いものが支配権を振りかざすのはむしろ正常な状態だとうそぶく向きもあるだろう。

加えて、地球上にこれだけの数の人間が生存することそのものが、争いを惹起する根本要因であり、そこに、自国経済の拡大と国益優先という常套句がまかり通り、最終的には、本質から目を逸らす政治手法が、正当性を吹聴し幅を利かせ、大事な課題でさえもうやむやにしてしまう。さらに、人類しか実現できない高度なバイオテクノロジーや「人工生産能力」という、道具を使いモノづくり手段を手中に収めてしまった優位性が、争いの複雑さと残虐性を抑制できなくなり、過激さを増幅させブーメラン的現象を引き起こしている。これは、時代的感覚からしたら不可解であり、かえって不透明感が増すという、難しさと皮肉な傾向が表面化しているのは悲しいことである。この、勝ち残り競争こそ生き残るための最良の手段であるとする動物特有の対処法からすると、平穏さを願うことなど綺麗ごとであり、夢物語に過ぎないとの声も聞こえてきそうである。

そして、増え続ける国際的な人口問題と過剰な欲望によるエネルギーロスを生み、変質的おごりは混乱を増幅させる根本要因となり、人権蹂躙や貧困と難民の増加、生活環境格差や紛争の拡大などと、混濁を極める事象が幾重にも覆いかぶさってきている。これらの困難な課題に向き合っても、解決策を求めるよりも、中途半端な答えと曖昧さを何度でも繰り返し、本質的課題は先送りされ、妥協へとつながっていく。これだけ問題が多かったら、混濁が増さないわけはない。一方、科学技術や人工知能などの発展に伴い、ここまで進化してきた生活水準の向上と便利さ、そこに快楽さを求めるトレンドを後戻りさせることなどもはや不可能であり、このままでは、人類の進化に赤信号が灯り、悩ましき迷路に迷い込むのは避けられないだろう。

それでも確かなことは、人類にとって日々の変化から逃れる術は、残念なことに、この地球上以外には存在するはずもなく、まして、早急な対処方法など見当たりそうにない。それとも、享楽主義、物欲主義にドップリとつかり、経済成長と人口増加という錦の御旗が引き下ろされ、足音が近づくのを呆然と見過ごそうというのか。あるいは、寿命100年程度という短いスパンの中で、模範解答を見出そうとせず、このまま次の世代に引き継ぎ、時間をかけ、もっと融通性のある解決策に委ねるほうが賢い選択肢だとして受けとめるべきだろうか。なにやら説教調になってしまったが、地球本体からも、そんな無駄な争いに加担したくないと、いささか、あきらめの境地で眺められているのかもしれない。だが、人類が消え去るときまであきらめることは禁物である。そして、冷静さとウォームハートを失ってはならない責務があるだろう。

地球を一つのビジネスモデルと仮定した場合、絶対株主である地球に対して、人類は放漫経営を続け借金ばかりを積み上げ、ついには、債務超過企業となってお手上げになる。そんな想定を否定できなくなる時代が訪れるかもしれない。その理由について、以下順次、述べてみたい。

## 2. ヒトは悩ましき生き物

「人間は考える葦である」。17世紀のフランスの思想家にして物理学、数学者でもあったパスカルの有名すぎるこの言葉によると、人間は自然のうちで最も弱い葦の一茎にすぎない、しかし、思考する存在である……との意味で使われたといわれている。21世紀となった今日の社会状況をみてみると、どうだろうか。人は、この言葉に啓発される意味よりもずっと高度な知的能力を身につけてしまい、進展の原動力になった経済活動を拡大化させ、その余波ともいえる、大事な地球上の生態系までも変調させてしまった。人は、とりわけ独善的で扱いにくい存在にまで成長し、一時的に地球上の動物の頂点に君臨している生物であると、総括できるのではないだろうか。

この星に生きるすべての生物は等しく、貴重な生命として誕生した偶然的条件は同じはずだったにも関わらず、新参者である人類だけが特殊な思考力から道具を作り、文化を生み出し、情報を蓄積させる能力を習得するなど、進化への適応力が巧みであった。しかも、直近のライバル不在も加わり、幸か不幸か、他の生物よりも飛びぬけた存在感を誇示するまでに成長できたと、短絡的な比較要件などを総合して、概略的に表現することができる。ここでいう「短絡的」とは、強力で足元を脅かすような競争相手が現われていないため、多面的判断材料がなく、結果的に他の動植物相手に優位性を誇示する悪癖が出てしまうということである。そのため、擬人化の意識から抜け出すよりも、むしろ、当然のように振るまい、乱用していることの方便の意味も含まれている。しかし、一歩引きさがって現状を冷静に観察してみると、すべて、自己中心的で恣意的判断による自由な行動を優先させ、傍若無人で自己利益主張型の思い上がり意識が形づくられた歴史的経緯のなかで、ほめられもしない実態が徐々に根付いてきたことを示唆している。

人とは、自然現象と時間の推移と数々の偶然が重なった、特異な進化による偶然的作品である。その見解は否定できないとしても、短期間のうちに、特に動植物に深刻な被害を及ぼし、回りまわって自らの首を絞めてしまう自己破滅的な行為の頻発に、歯止めがかかる兆しはどこからも見えてこない。さらに、動植物にとって生命線でもある生態系の破壊などの理不尽な行為に対して、天罰ではないかと思いたくなるような天候不順が多発し、出口の見えない憂慮すべき現象が、多面的に、そして不規則に出始めているのが心配の種でもある。

地球上のすべての形あるものは、平等に生きる権利が与えられ、それぞれに命を全うできることが理想的で望ましい姿であることは、誰にも否定できない永遠の認識であり願望でもある。もちろん、言葉で口にするのは簡単であるけれど、現実は際限のない自己実現という欲望を満たすために、直近の利益に目がくらみ仲間内で抑制することが困難になり、問題点や矛盾点が形を変え次々に表面化するのを防ぐことができないでいる。そのため、環境破壊など再生不能な事態が頻発し唖然とするパターンが国際的に拡大し、まかり通るという情けない姿をさらけ出している。

賢いはずの人間が、なぜそんな過ちを犯すのだろうか。他者利益よりも自己利益優先に走るという欲求を、潜在意識として誰もが持ち合わせていて、抑えきれないのだろうか。一つの生命には、1回しか生きるチャンスが与えられないのだから、少しぐらい足を踏みはずしても身勝手な行動を優先させ、何とか命を全うさせたいという、そんなはかなさが、目先の甘い蜜を求めるための詭弁となり、他人の迷惑など気にも留めず、自己中心的行動に走るという、浅薄で肌寒い心情となって現われるのだろうか。あるいはもしかしたら、人の心の底に密かに横たわっている、共通的心情の発露なのかもしれない。

しかも厄介なのは、誰もが個人の自由と規律内の行動が原則的に保障されているだけに、個性の違いが守られているのも当然なことであり、考え方や行動規範、受け止め方に同じような違いが出ても、不自然とは言い切れない側面がある。このあたりが、いささか困惑し、手を焼く部分でもある。むしろ、理性的判断ができる環境づくりと、一般教養レベルの知識に裏打ちされた社会的常識の欠如が発端になっているのか、証拠づけが不明確な苦しさが見えてくる。

ここがはっきりしないと、この難問の解決法を見つけ出すことはできそうもなく、終始堂々巡りに終わってしまう。あるいは、法的規制を厳しく定め、罰則を強化することで表面的で形式的な制約はできても、抑圧的で偏屈な気分を与えてしまう難しさが、社会的不安を引き起こし兼ねない苦しさも、考慮に入れておかなければならない。たとえば、動物保護区で専任の監視員による監視を強化しても、貴重な種である象やライオンなどの数が減っていく一方の現状を改善できない現実からも、抜け穴規制が横行する難しさとして感じ取ることができる。

少し環境論議に外れてしまったが、それでも、動かない相手や弱い者いじめを減らすだけでも、長い目で見れば、状況はかなり改善できるのではないだろうか。

この星に生まれてみたものの、あらゆる場面に立ちはだかる自然現象という巨大な壁を破ることなど永遠に不可能なのだから、無用な抵抗をやめて、せめて自然環境やエコロジーに関する意識転換の必要性や、行動に移す青写真を何としても手に入れる方策はないのだろうか。その成果の確認には、少なくとも数百年単位の時間を要するといわれており、それだけに、現実の行動を急がないと手遅れになり、傷が深くなるばかりの現状を変えることが難しくなる。すべての生物にとって満足できる環境を取り戻す作業を、人間が率先して実行に移すことこそ、直近の当事者として責任に応える、重要な責務といえるだろう。ともかく、成果につなげられる最大の要件は、一人でも多くの人が、前向きな意識と思いやり精神、客観的意識を持続させることではないだろうか。

もう少し別な視点を加えて考えてみたい。現実に科学技術や多様な文化がこれだけ発展しても、人の感情や欲望が伴う物事は不可解なことが多く、それだけに、安直に通りいっぺんの解決策を出せるほど、事態は甘くはない。とはいえ、これだけ雑多で多数の人が生活している以上、良識に期待し個人の自己裁量に任せ、自由放任に勝手に生きることができるほど、すべての物事に関してフリーハンドの行動が、保障されているわけではない。

いまこうして、刻々と時間が推移していく中で、万人が満足し得ることなどおよそ無理というものだが、押し寄せる情報の洪水の中から歴史に教えられ学び、あるいは学校教育の場で子どものころから議論し身に着ける方法などはとりあえず有益であろう。また、個々人が役割分担を明確にするなかで認識を深め、さらに、よりシビアな妥協点をどこに見出すか、体験を通じて習得することで新たな道が開かれるのは確かである。そして、繰り返し努力を続けることで血となり肉となる、こんな昔からの言い伝えにも、糸口を探りたくなる思いがしてならない。

もしくは、将来、強力な競争者が現われ、思考や意識構造を変えざるを得なくなる状況に直面でもしないことには、自己本位で勝手な振る舞いを転換させる「筋道」はとても見えてこない。その一つのケースは、他の星から宇宙人でも現われること。または、人工知能の進化により、人間をコントロールできる知能ロボットなどの仮想競争相手が誕生することだ。それにより、新たな関係づくりが必要になり、別次元の解決策を導き出してくれるかもしれない。現実にＡＩ研究の最前線であるニューラルネットワーク研究が、着実に歩みを進めていることから、まったく不可能とはいえない状況が到来する可能性も否定できない。さらに皮肉に表現すると、生命を維持している幹細胞の中から、体内循環のひずみにより内なる造反が起こり、人命維持を困難にする事態など、いくつかのケースも想定できるのだ。

局面を変え、別な角度から分析してみると、人とは実に矛盾と無駄と感情の起伏が激しい生きものである。日常の多様な生活場面を通して、ストレートに、しかも突発的な事態に遭遇するなど、予期せぬアクシデントが増え続けていることなどから、改めて直観的な感受性に偏り過ぎる傾向にあることが気にかかる。短絡的に表現すると、自己擁護意識が強すぎて、道理よりも直観を重視し深く考えもせず、その場しのぎの強弁で押し切ろうとする。あるいはまた、直面する事柄に単純に反応し、自己中心的にその場の雰囲気を表面的にくみ取り、正当性や脈絡がなくても対応をする姑息さと危うさも感じられる。つまり、日常的な思考性や社会性が欠如しているのに、感情を抑制することなく発言や行動に移すことが多くなり、周りの人は対応するのに当惑してしまうのだ。そして、日々不連続で、防ぐ間もなく発生する物事は、便利さが増すのに伴い複雑多岐になっていく。しかも、脈絡もないまま突然降りかかってくることが多くなり、場当たり的な思考では答えが見当たらず、かえって事態を悪化させる結果をもたらしている。

さらに悪いことに、切り捨てたくとも切ることのできない利害関係や感情論とが、どんな場面にも絡んでくることが考えられる。競争と駆け引き、他人の目線や経済力、好き嫌いと人間関係、住んでいる環境などが際限なく、しかも天秤にかけるように、判断を下さなければならない場面が、不愛想に押し寄せてくる。考えてみれば、現代人は有り余るほどの便利さを享受している反面、余分な神経を使うことが多くなり、そのうえ自己本位の時間に追いまわされ、無味乾燥で味気のない実態に気づかず、日常を過ごしているのではないだろうか。それならば、細かなことは気にしないで、自分本位で生きる道を選択するしか、手段がなくなってしまう絶望感が募ってくる。

このように、日々の暮らしは、予期せぬことの連続であり、その対応に明け暮れてしまうときもある。常に先手必勝であればそれに越したことはないが、相手にそれ以上の行動に走られると冷静さを見失い、感情論が先行し火花を散らしかねず、結果として、不愉快な結果を招くことが多くなる。思考も意識も利害感情も打算的意識なども、時を重ねるプロセスの中で、激しくもなれば優しくなることもあり、一直線のままでまったく変化がないケースは、ほとんど考えられない。まるで、自然現象が日々変化の諸相を取り込み、異なるパターンを見せているのと同様に、人の日常も、複雑な関係性を体現している見本のようにも思えてくるのだ。

誰もが、生まれてから一生同じ環境で育つことなど、ほとんどあり得ない。地球も、朝が訪れると日が昇り、夕暮れになれば日が沈み、一日の終わりを告げ、また新たな一日が巡ってくる。日常はこの繰り返しであっても、各人それぞれに、個性と生き様やおかれている状況に相違があるのが自然であり、思考パターンも出される答えもさまざまであることこそ、正常な姿であるからだ。

もしこれが仮に同じであったら、同じ動作を繰り返すロボットもどきになってしまう。否、いまや知能ロボットに負けてしまう時代に向かっているだけに、むしろ異様な心理状態に落ち込んでしまうだろう。問題は、信頼関係にあった仲間に裏をかかれた場合の精神的葛藤は穏やかではなく、大事な交友関係がとん挫する危険性が絶えずつきまとうことにある。小さな意見の相違から、長い間の人間関係までが崩れてしまう難しさが、どこから起きても不思議ではない。それでも、出会いとは、人間関係や人格形成に欠かせない重要な要素であることは、情報交換手段がいくら便利になったとしても、これから先も、古今東西において変わることはないだろう。ただ、日本人特有の細かな気遣いや思いやりの欠落や、社会人としての本質的な資質などが、モバイル先行に伴い希薄になるばかりの傾向は、憂慮すべき事態といえよう。

誰でも、健康なときもあれば体調が優れないときも、気分が落ち込んでしまうこともあり、また、無意識的に運不運に左右される事態もしばしば発生する。はたまた、年を追うごとに天候不順に見舞われるケースも多くなり、予測不能で右往左往させられるなど、自己意識とは離れて、めまぐるしく移り変わる自然環境の変化が追い打ちをかけてくるのは、不安感を増幅させ、冷や汗ものである。

そして厄介なことには、生活する上で、抗しがたい「対人関係」から逃避するのは、ほぼ不可能であり、それを無視した生活も、煩わしさから逃れる術も、簡単には見当たりそうにないのだ。幼児期の両親からの影響、友人関係、学校選択、生活の基盤でもある豊かさや貧しさなどに見られる社会生活の多様さは、見事としかいいようがない。こんなプロセスは人それぞれ当然異なり、まして、利害が絡まない常識的な事柄にはまともに対応できるのに、時により打算的になり、裏切り行為に走るなど、心理的な内面を読み解くのはほとんど不可解である。また、直面する課題に対する判断が、何通りにも分かれる事態が日常的に頻繁に起きることが、人間関係を悪化させる要因になるなど、意外な伏兵が現われ攻撃されたりする。対人関係は、些細なことから誤解を招くなど、諸刃の剣的現象の危険性がどこまでもつきまとい離れない。

まして、諸々の利害関係や出世競争ともなると、謀略や駆け引きも激しくなり、頭をフル回転させ細心の注意を払わないと、罪悪感や後味の悪さだけが残りかねない。また、同僚との出世競争の後塵を拝することは、耐えがたい屈辱感を味わう典型的な例である。批判や恨み、そして時に、愚痴や悲観となり落ち込んでしまうこともあるだろう。こんなときには欧米式の能力主義が恨めしくなったりする。しかし、能力主義を定義できる確かな物差として信ぴょう性はあるのか、多くの人に納得して受け入れられるだろうか。たとえば、この日本で、今日からクビだと一方的に宣言されたら、弁解の余地のない図式に疑問を投げかけられるだろうか。そこまで割り切れるのは、移民の民もしくは放浪の民の血がそうさせるのか。好き嫌いも関係するとなると、内心穏やかではいられない。

そうかといって、官庁式の年功と成績順による順繰り登用も、組織の発展性や応用力などを失う欠点があるだけに、ここにも問題点が多いということがよくわかる。しかし、年功を取り入れた方式もマイナス点ばかりではなく、それなりの長所も捨てきれない。それぞれ一長一短であることは、社会的慣習なども関係があるだけに、一概には論じることはできない。それでも、組織の一員である以上、運を天に任せ、出された結果判断に潔く従い、次のチャンスを活かすことのほうが、運が転がりこんでくるような気がする。ただ、それでは寂しすぎるので、個人の信念だけは失うことなく前向きでありたい。

しかし、成功と失敗や成果などの評価が、誰もが満足できる結果として受け入れられることなど、どんなに精査し再検討してみてもあり得ない。まして、人の精神状態を鑑定する場合も、人による判定は課題が多く、コンピュータ分析でも完璧な答えを得ることは難しい。人の心理状態や心の持ちようを常に把握することなど、ほとんど夢物語である。

企業組織としては、生き残るためにどこまでもつきまとう、正解のないゆがんだ方程式を解くような感覚ではないだろうか。生物が生き残るには、美辞麗句だけでは済まされず、むしろ羅針盤なき航海で荒波をさまようケースにたとえることができるかもしれない。それでも、子どものころの夢を生涯にわたり追い続けることができた、幸運な人もいるはずだ。人の価値は、棺桶に入るときに決まるなどと、もっともらしく言われているものの、人の一生がそれほど簡単に評価が決まるとは信じられないし、また、経済サイクルほどジグザグではなくても、山あり谷ありなのが常識だけに、当事者の葛藤などは、たとえその場に立ち会ったとしても、細部まで完璧にくみ取れるはずもなく、軽率な物言いは避けたほうが親切というものだ。人に関する評価など、どんなに逆立ちしてみても、そのくらい難しいことなのだ。人は誰もがプライドを持っている。批判するのは簡単だ、ほめるのも簡単といえば簡単だが、人はなかなか厄介な生きものである。贈り言葉として使われる美辞麗句の場合は別として、その場しのぎの脚色しすぎの表現はやめたほうがよいだろう。

ところで、『錯覚の科学』の著者の一人であるクリストファー・チャブリスの説によれば、人は日常的錯覚として、自分の能力を過大にプラス評価しがちである。自分の見落としや物忘れ、頭の悪さや知識のなさを過大に評価することはない。また、実力以上に、自分には知覚力や記憶力があると考える。この日常的錯覚は、私たちの思考パターンに広く深く浸透しているようだ。確かに、このような錯覚を冷静に分析し自覚できる人は、思考力がありの物分かりのよい、少数派の人だけではないだろうか。

それにしても、近ごろの、人を陥れる多数による批判裁判も気になる動きである。説明責任というもっともらしい追及パターンは、本質よりも多数の単純思考で答えを求める危うさが同居していることに、気づいていないのが心配の種である。

　近年における科学技術の躍進と、モバイル機器普及に関連して情報が氾濫し、多くの分野に波及効果を及ぼし、表面的な物知り派が急増している。しかも、年々、複雑化と高度化、そして緻密化している。だが、人の心の移り変わりや精神状態も同じく進化できるかと問われると、大多数の人が否定的であり、さぞや悩むことだろう。それよりも、初歩的な行動パターンなどにミスが発生する度合いが増えていることのほうが不安であり、懸念材料でもある。自動化が進むことで、すべてのことが機械化され、人がサポートしなければならない単純な動作や気配りが忘れられてしまう弱点が、意外なロスを生んでいる。そこまで、科学技術が救ってくれるとは考えにくい。これからは、経験しない物事への対処方法は、学習ロボットに頼るときがくるのかもしれない。

　近年、ＡＩロボットが人間と同じように自ら学習し会話もする、あるいは、高齢者のケアやビジネス活動などまでサポートしている話題に、事欠かなくなっている。さらに、人が譲ることのできない心や精神状態まで、ＡＩロボットがどんな形でくみ取ることができるようになるのか。また、感情や感覚の一致を図れるようになるのかなど、今後の懸念材料として、さまざまな議論が飛び交うのは必至である。それでも、人とのコミュニケーションの場に、異邦人紛いのＡＩロボットが加わることで、別次元の環境がつくり出されるのか、高度なサポーターとして役割分担し棲み分けするのか、期待と不安とが交錯し興味はどこまでも尽きることはない。だが、ＡＩロボットは、時とともに高性能化するのは必然であっても、人の最後の砦である感情をそれなりに分析でき、自身の感情を持つまで進化することは、双方の準備態勢なども含め、それ相当の時間を要すると考えられる。

　ここでのビジネスモデルには、人心の本質を知ることの困難性と、当事者しか正解らしき答えを用意することができない歯がゆさがある。だから、個々人に少しでも近づき、納得を得られそうなモデルを用意することの楽しさこそ、企業経営の本質に迫ることになるのだろう。プライドと欲望と矛盾に満ちた人々を対象にしてきたビジネスモデルに、近い将来、ＡＩロボットを含めた新モデルが必要になるのだろうか。それにしても、人に歴史ありきだけに、人を評価することの難しは、並大抵ではないことに行き着いてしまう。

## 3. 複雑性思考への道

生物の生命を支えている細胞。原初の頃の生命体は、多くのケースが単細胞原核生物として活動が始まった。それが次第に、成長する過程で多細胞真核生物として生き残り、想像もつかないほど長い年月を経て進化を続け、今日に至っている。しかも、生命体として生き残るための知恵として、単細胞行動よりも多細胞による結合活動のほうが力を増し、成果を挙げるのに好都合であることを学び取り、他の細胞や細菌などとの協力関係が生み出された、と考えられている。

生物が生き残るためには、与えられた環境に適応し進化を繰り返すことができた個体だけが、現在に生命をつないでいる。生命とは、進化論の適者生存説だけの単純な考え方だけでは語りきれず、本質的な要点と考えられる、突然変異と進化に関係する膨大な史的実態からヒントが得られていると思われる。しかしながら、膨大な宇宙の歴史的変遷に関して、今日知り得ていると思われる多くの現象も、正しくは推測的な知見に過ぎず、それだけに、その時々に横たわってきた細かな実態まで知り尽くすことなど、どこまで時代が推移しても理解することは困難であり、単に推論に過ぎないことを、頭に入れておかなければならない。なぜなら、宇宙そのものも、常に流転し変化し複雑化しているのだから。

ともかく、現在のビジネス活動のように、主として革新的で先見性のある者同士が協力関係を結び、厳しい現実を乗り越えてきたように、細菌も細胞も単独の行動で済まされていた状況から、生存競争や環境変化に相応するため、複雑なパターンに適応し、幸運にも「突然変異」で乗り越え、生命の長い歴史の痕跡として現在に存続している姿そのものが明確な解答であると受け止めるしか、判断が見い出せない。

この流れこそ、すべての物質にも生物にも当てはまるプロセスであり、新規のエネルギーが生み出される、そんな現象を「複雑系または複雑性」などと総括する表現が、近年において使われるようになった。考えてみると、すべての物事は、単純なことからスタートし、やがて周囲の環境が休みなく変化し多様化することの実態を乗り越え、学習し知識として習得し、しかも、成功と衰退を重ね、生き残りをかけ進化の道をたどってきたと言い表わすことができる。これこそ、人にとっては人生そのものでもあり、ビジネス活動も同様に解釈することができるだろう。

変化の本源は自然現象であり、次に周囲の各種競争関係から生ずる要因と続く。そのなかで、人類は直近の参入者であるため、道のりはそれほど長くはないものの、それでも次々に現われる各種の困難な壁を乗り越え変身し、特に、道具を使うことを覚えたことにより、多様な食料を確保する手段を身につけたことが、決定的な躍進要件として受け止められている。同様に、次第に防御能力を身につけ、他の動物より数倍も有利な生活環境をつくり出すことを可能にしてきた。ただし、競争相手を振るい落とす手段を確保できたその慢心が、やがて今日の人間主体の自己優先的で身勝手な行動を、相対的に黙認する要因にすり替えてしまい、大きな汚点を残す結果になってしまった。また、これだけ膨れ上がった、人に特有の欲望に制約を加えようとしても、短絡的に対処できるほど単純な問題ではなくなり、むしろ、競争関係こそが活動するエネルギーの素でもあることから判断しても、地球環境改善へのコンセンサスを得られる方策を見つけ出すことなど、簡単には見当たらないのが現状といえよう。

そのため、思考力と新たな道具をつくり出すことや特殊な能力を駆使できる人間の存在は、結果として、地球にとって歓迎されない顧客に成りさがってしまった。しかも、わが物顔で環境破壊や自己利益を追求する行為にブレーキをかけることも忘れ、ひたすら前に突き進んできたことの代償が、現実に予想外の天候不順や戦争、内紛などの付帯的アクシデントを引き起こし、結果的に非生産的な事態を招くことにつながっている。だが補足要因としては、時間的推移とともに生み出されてきた多種多様な競争関係の存在こそ、皮肉にも、生き残るために避けることのできない、変化を生み出す重要な循環的要因であったことに疑いの余地は見あたらない。そこに、時間軸の推移に伴い、加速的に生活環境の向上に伴う複雑さの要件が加味され、人々の膨張した欲望を抑えきれなくなり、対応策も後手にまわり、混乱がいっそう拡大してしまった。この状況は、自然現象と生命が続く限り延々と持ち越され、悩まされ続けることに変わりないだろう。

人がたどってきた遠い道のりをさかのぼってみると、樹上生活や洞窟生活から始まり、自給自足や狩りだけで食料を確保することで満足していた時代から、物々交換により生活レベルを向上させる便利さを知り、日用品や新たな生活必需品などと出会い、これまでにない新たな欲望意識が芽生えてきたと考えられる。

生活への願望はしだいに変化し、多くの人が参加することにより生産活動の質もレベルも向上し、やがて競争関係の発生と増幅的で複雑な要件が追加され、当然の結果として満足度も生活環境の質と幅も拡大してきた。

特に、生物にとって生き延びるためには、時間とともに暮らす単純な欲求から、複雑なニーズに対応するための欲望から逃れることができず、また、競争による需要と供給の関係が定着することで品質を高め、生存競争に勝ち残る知恵を働かせるよう変化してきた。

やがて、すべての事態に対処するための思考パターンが、取り巻く環境条件のなかで練り上げられ、学習効果として、おのずと複雑化のレベルを引き上げることを可能にした。もちろん、複雑化現象は生物に限られるのではなく、宇宙全般に現存するあらゆる物体の変化現象を表現する捉え方であることは言うまでもない。ただ、変化が先かニーズが先かの解釈は、個人もそれぞれの国ごとの対応も様々であるように、受け止め方の違いは必然であり、普段に考えている以上に予想外の意味合いが込められており、本質を感じ取るのは容易ではないことに気づかされる。

それだけに、いくら科学技術研究のレベルが向上したとしても、１４０億年といわれる宇宙創成に関する詳細なプロセスを知ることなど、予測か推測レベルに過ぎないのだから、正解を求めること自体、永遠に不可能だともいえるだろう。しかも、いまだ宇宙は休むことなく「膨張し続け」ていて、過去と現状との違いを認識するのは極めて困難であり、むしろ推論的原則論に終わってしまっても不思議ではない。したがって、門外漢の一員としては、とめどもない彼方の途方もない推移を知るよりも、もっと身近な地球上の生命誕生から現状への推移、あるいは繁栄と衰退に関する諸要因を絡めたアプローチを主体にして、事のなりゆきと将来に関する課題を、それなりに断片的に取り上げることで少しでも前に進んでみたい。

紀元前以降の科学の歴史を語るとき、多くの歴史的事実として古代ギリシャ時代のソクラテス、プラトンやアリストテレスなどが定番的なケースとして取り上げられている。バビロニア王国（紀元前１９００年頃〜）や古代エジプトの哲学や数学、天文学や物理学などが紹介されていることにも驚かされるが、その実態とはどの程度のものだったのか、物語ではない実像が知りたくなる。

その時代の書物や資料が、ヨーロッパや英語圏の国々には存在していることは羨ましい限りである。ただ、そのレベルや中身が歴史的価値としては高くとも、現実との比較判断となると果たしてどの程度納得のゆくものだろうか。これだけの偉業がこの時代に、どのようにしてまとめ上げられたのか。時代的背景からして、いかなる思索パターンをベースにして、異論を挟む余地もないほどの知的成果が語り継がれてきたのか、大変興味深いものがある。少しは史的な脚色も加えられているにしても、その異能ぶりには門外漢なりに興味は尽きない。願わくは、文明発祥の地で数多くの原典に接することができたなら、興奮一方ではないだろう。

ただ、いつの時代も、その他大多数はこのような問題意識やゆとりさえ持てなかったことは明白であり、むしろ、それ以降長い間、生活中心の単純な意識や日常生活の繰り返しに明け暮れ、さらに、多くの場合、封建時代特有の、君主体制による上位下達の権威主義思想を押しつける時代が、長い間続いてきた。

時が進んで、意識パターンや組織構成などが現代的な意識体系に近づいてきたのは、中世以降と考えられる。その核になったのはキリスト教の教えなどを中心に、当時、大衆の最高のバックボーンであった宗教、教会の影響力を抜きにしては語れない。同時に人口の増加は経済活動を活発にさせ、そこに交易を通した人々の交流が盛んになり、徐々に情報量の増加や異文化との接触、食料品や慣習など多くの事柄が交錯するようになり、相互に影響力が深まり定着してきたものと推測できる。これらの変化だけをみても、複雑な要因が織物の糸のように縦横に交差し、組み合わさって形づくられ積み重ねられた、多様化による成果であることに、異論をはさむ余地はなさそうだ。

当時並行して論じられてきたのは、コペルニクスやガリレオなど、近代科学の先駆者が悩まされた注目すべきテーマとして、「天動説か地動説の見解の相違」がある。為政者と科学者との間で17世紀まで駆け引きが続き、一時的に研究が停滞し封じ込まれるという、不幸な時代でもあった。すべてが地球主体で感覚重視の封建的思考が、当時までの主流をなす見解であり、宗教を後ろ盾にして権勢を誇り歴史を彩ってきたエポックメーキングな事例といえよう。

保身的権力者特有の理性よりも感覚論を優先させ、従来通りの無難な封建体制を続けたいと願う保守的思考が、強力ににじみ出ている。無難で単純な発想を好む流れに、くさびを打ち込むべき転換事態が発生し、やむなく新たな要件を受け入れざるを得なくなった、時代の趨勢《すうせい》の重みが感じ取れる。

地動説の容認は、その一つの重要な契機となり、合理的判断への一歩を踏み出したことを意味している。科学的判断より体制や既得権を維持することを優先させ、合理性よりも強権的判断をゴリ押しする手法は、万国共通で動物特有の知恵ともいえよう。しかし近代化への道のりは、閉ざされた思考による非合理性への対抗策であり、それほど単純に進行したわけではないことは、数々の歴史の場面が示している通りである。さらに、科学の進歩と自然現象の変化などの解明が進んだことで、旧来の過ちを修正せざるを得なくなったと解釈するのが順当な流れではないだろうか。

それでも、科学の原則は、万国共通に近い言語として説得力と影響力があるため、支配者にとって神経を使わざるを得なかったものの、新しい考え方に対する警戒心まで、すべて放棄することはできなかった。そのあとに現われたデカルトにしてもニュートンにしても、融通の利かない固定的圧力が姿と形を変えて巧妙に存続し、宇宙から統治権力や市民社会の細かな日常活動の統制まで、為政者に巧みに操作されていた。

いつの世でも、世論や世の中の動向とは恐ろしいものだ。そこには、常識も非常識化され、市民も迎合した空白時間がまかり通るのだから、うかうかしていられない。悪意のある宣伝に大衆が迎合する事例は、現代社会でも見られるだけに、人の意識も常に常識的に働くとは考えられない怖さから逃れられない。意外なことに、現代でも、過激な思想などは、経済活動と同じように周期的にめぐってくるから油断はできないのだ。たった一つの言葉に惑わされ、見せかけの宣伝文句に操られて興奮した群衆がリンチのような荒っぽい行動に出たりする。これらの動きから推測して、時代の趨勢とともに、人権も世論なども それなりに洗練されてきたことが理解できる。時代をさかのぼるほど、権力者による権威づけのため犠牲になり生贄にされた人も、さぞかし多かったことだろう。

その点で、時代が進むにつれ、物理学や数学の原則も共通的尺度となり、政治や社会的な意識構造まで変える役割を担うようになり、必然的に幅広く利用されるようになった。ニュートンが、重力・時間・粒子に関する理論と自然の法則を、数学的体系で記述する手法を開拓し、宇宙物理学の歴史的発見として200年間も評価され、現在にも貢献している功績は偉大である。ただ、宇宙全体の統一理論に基づく固定意識の考え方が、社会生活にまで影響を及ぼしたとして、後世の歴史家に批判される要因につながってしまった。当時の社会情勢からすれば抗しがたい流れであっただけに、ニュートンにとっては迷惑な話であったはずなのに、当時の世相や科学技術がおかれた力関係を考えると、やむを得ない状況下にあったのかもしれない。当時は社会的枠組みも小さく、時代背景として保守的で固定的であり、複雑化への転換期を迎えるなど、社会的背景の変化が主たる要因として理解することができる。

次に現われた理論として、イギリス生まれのファラディーとマクスウェルによる光・電磁場理論が登場してくる。宇宙の統一理論から時間と場の違いの存在を示した、現代にまで応用されている理論の誕生であり、時代に沿った固定的観点ではなく流動的で適応性のある論理が初めて示された意義を忘れることはできない。まさに、宇宙そのものが、複雑な関係によって形成されていることの必然性が裏づけられた瞬間でもあった。

そして、科学の先駆性が、社会的にも大きな影響力を持ち合わせていることが明確にされた意味は大きなものがある。その流れの先には、アインシュタインによるニュートン理論も包含した一般相対性理論の発見へとつながっていく。ここまで進化するには、200年もの歳月を要した。これらの評価は、各人の好みによる論点が大きく関係しているが、ニュートン時代が終わりアインシュタイン評価一辺倒の研究者が存在するのは、歴史的成果を踏まえ積み上げられた理論であることと、時代的背景も加味し考慮した場合、当然の流れであるといえる。しかし一方で、その評価にとらわれ過ぎること自体が短絡的であることもよくわかる。

たとえば、現在の物理学研究の主流が、アインシュタインから離れ、「量子重力理論」や「超ひも理論」であるように、科学も社会も時間も絶対的なものは存在せず、常に揺れ動き、変化し、次なる目標に向かって前進していく。つまり、すべての事柄は時間とともに主役が交代する運命にあるといえる。言葉を変えると、周りの環境はすべて単純構造から始まり、複雑性の構造に進化している、という重要性に気づかされるのだ。常に揺れ動く人心もまた、同じ構造ととらえることができるだろう。ただ普段は、細かなことまであまり意識しないで行動しているだけの違いではないだろうか。

長々と、直線的思考から曲線的思考としての複雑性に至るプロセスを、宇宙と物理理論発展の経緯を通して取りあげてみた。次に、経済やビジネスの分野に重点を移し考えてみたい。ただし、どの分野においても、スタート時点では情報量が少なく手探り状態から始まり、しばらくして、その状態から脱皮し、日常的にそれほど支障がなくなった時点になると、今度は、不確実的な単純思考が幅を利かせる要因が増えてくる。物事は、経験を重ねるにつれ複線的解釈や情勢変化に目が行き届くようになり、新しい状態に移行するパターンが順次浸透するのが、常識的な流れでもある。しばしば指摘されるように、直線的思考は選択できる条件が少なく、一般的に上から指示命令される形式が多く、単純思考が強いとされる。対して、複線的思考は、複雑な要素が組み込まれるため選択肢が多くなり、その分、個の人格や意思表現が可能になり応用範囲も広がり、参加型スタイルに近い傾向が見られる。この点が大きな違いととらえることができよう。

人の社会では、20世紀以降の民主化の浸透やコンピュータ社会の到来により経済活動が飛躍的に拡大し、経済や経営のスタイルが多様化した。その結果、数理的で革新的分析を得意とする複雑性の視点が多方面から注目を集め、瞬く間に世界的な研究体制へと浸透していった。さらに、先進国と東南アジア等の国々がこぞって経済発展したことが、新たな競争関係を生み出し、閉鎖的市場関係が開放されるなどして、見違えるような大きなパワーとなって経済発展を支えることになる。それまでの、一方通行的経済取引が中心であったものから双方向の取引へと変革し、対等な立場での複線的活動へと進展するなど、大きな変革をもたらしたのだ。

その流れは必然であり、発信力も平等で、しかも相互の利益がベースになり、新たな形を常に追求するパターンが着々と定着してきた。とはいっても、時間的経過の相違などから、現実的には豊かな国と貧しい国とが存在し、貧困格差は拡大。それを解消することの困難さは容易ではなく、以前より多くの成果が生まれたことに疑いの余地はないものの、今後の施策に期待が高まっている。ただし、経済格差は、無駄なエネルギーの消費や人権無視、紛争などのマイナスイメージしか生み出さないのだから、予断は許されない。

ところで、経済学分野に関しては、近代経済学が華やかに論じられていた頃は、一部の権威者による伝統的原則論が経済理論を支配し、実体経済との乖離に目もくれず物理学や数学の数式を多用し、ことさら表現のむずかしさで権威づけをする風潮がまかり通ってきた。さらに、アメリカ式計量経済学も大いにもてはやされ、経済学が社会科学分野のリーダーであることを自任し、形式的存在感を示してきた。そうした傾向は、国内では、先進国の経済方式を取り入れ、折しも国内経済が発展期を迎えていたことも加味して適応できた面がある。しかし時代が進むにつれ、実態との乖離やあつれき、貿易の不均衡是正など新たな局面続出に関する批判の声が表面化。謙虚に実態を踏まえた自前の経済理論の必要性を迫られ、大きな転換期を迎え、そのつど修正を余儀なくされてきた。日々刻々と変化する経済活動や日常生活の動きまで数式で把握することなど、至難の業なのは明らかであり、机上論や原則論よりも実践体験が加味され、その国独自の経済政策の必要性が高まったのは自然の成り行きでもあった。

また、同時に技術革新による生産性向上、生活水準の向上と物的欲望の拡大など、ものを言う消費者の増加により、抽象論よりも現場の目線で経済動向と向き合う必要性に意識転換が見え始めたことも見逃せない。豊かさが徐々に上向くことにより、与えられた情報だけで満足してきたこれまでの状態から抜け出し、消費者自身が情報を得て個別に行動するスタイルへ変化した。もしくは、メーカー別による選別意識や苦情処理など、それまで単純な行動でしかなかった状態から選択肢が多くなった分、情報の拡散を推し進める要因が増え、何倍もの複雑な対応を可能にした成果は、時代の流れが生み落とした、貴重な贈りものとも考えられる。格好よく表現すれば、時は風のごとく移動し、常に環境と人の意識を変えていく女神でもある。

経済学の変化も、消費者が与えられた環境を甘受していた時代から、自分自身で活きた経済を学び、具体的情報しか評価しないという状態になってきた。つまり、賢いユーザーとしての意識が芽生えたことで、これまで大事に守られてきた原理原則に関する閉鎖的理論や権威主義への疑念がふくらみ、物理系や理数系の経済学研究者など異分野からの問題提起が多くなったことや、理論と現実との乖離をあちこちで体験したことが突破口になり、これまでとは異なる、前向きで批判的意見に対処せざるを得ない、大きな局面の変化が見られたのである。そこに進歩的専門家などが加わり、従来とは一線を画す新たな動きが、特にアメリカを中心に急速に広がっていった。

その枠組みになったのが、いわゆる「複雑系ないしは複雑性」の理論を踏まえた革新的な提案である。革新的というのは、理系と文系の分野を超えた融合の成果であり、専門分野の縦型思考にくさびが打ち込まれ、画期的な動きへの導火線となったことを指す。それだけ改革を進めるためには、各分野の共通的要素を組み合わせ、別次元の成果を求めて挑戦する試みであったことを示している。もちろん、どんな分野でも、伝統的理論は積み上げられた知識の継続であることには、何人も否定することはできない。

蓄積なくして現実を語れないのは、すべてが時間軸でつながっている以上、歴史的事実として直接、間接に恩恵を授かり、目の当たりにしている確かな現実が物語っている。その傾向はどの分野でも変わりがないが、ただ、経営関係などで変化が起こる手掛かりになるのは、小さな異論が思いがけないヒントになり、大きな成果につながるケースが、予想以上に多く見られることだ。また、前述の物理原則の変遷も、蓄積された原則の延長線上にひらめきが生まれ、新たな発見となって新理論が構築される繰り返しであることからも、意を強くすることができるだろう。

経済活動の場合は、さらに流動的で意外性の連続であり、そこに人の情緒的要素や民意、そして、日常生活の変化なども微妙に関係するため、その分、不確定要素が多く、定式化を難しくする要件が次々と噴出してくる。しかも、それ以上に変化のスピードが速く情報量も圧倒的に多くなり、未知で恣意的な領域での競争に対応する必要性が高まるだけに、常識論に囚われない革新的意識が求められることは言うまでもない。これだけ流動化すると、もはや、権威づけのために古典的理論に固執する保守的意識では柔軟性に欠け、時代の要請に応えられないのは明らかである。さらに窓口を開き、応用力のある方向をめざすのは、必然的な流れと言い換えることができるだろう。

ここでの複雑系の着眼点は、多くは数学者や物理学者、生物学者と経済学関係者が主導であったものから、物理学や数学そして生物学の理論などを土台にしたこれまでにない革新的土壌と斬新さに加え、数理的背景が強く切れ味のある文脈と説得力に引き込まれ、ある種のブームを引き起こしたことにある。パラダイムの転換ほどではないにしても、久しぶりに、新天地に招待されたような新鮮味と期待感を強く感じた覚えがある。

宇宙の誕生や生命の誕生も時間の変遷が生み出したものであることからすると、いつまでも従来の閉鎖的な理論に凝り固まって安穏としていては、流動的社会の動向をリードできるはずもなく、特に、日々刻々と変わる経済動向に追いつくことなど、とても無理な話であることが明らかになった。複雑性の基本的考え方は、生活全般に関連する広い分野の知識を動員して、新しい思考パターンを鋭利な切り口で提示したところに、大きな特色が見られるのだから。

同時に、このまま狭い範囲の論理にとらわれていると、陸の孤島に追いやられる危機感を持たざるを得ない。異分野との関わりの必要性が、時代のスピードが速まる危機感を感知させ、身近なものになったこと。そこに多様な要素が加わるということは、進化する可能性もしくは変わらざるを得なくなると言い換えることができる。本来、専門分野とは狭いテリトリーを守ることであり、本質を維持する棲み分け手段ともなりうる。しかし、一歩間違い油断すると、ゆがんだ専門性を誇示したり、権威主義や閉鎖的意識が持ち上がったりする危険性が同居する裏腹な関係になることを見過ごすことはできない。その落とし穴にはまり込まないためには、競争関係の持続とおごることなく異分野の知識や多様な考え方に学び、新たな発見につなげることで、改革の意欲を持続できると考えられる。

時代の変化はその傾向がますます強くなり、多くの分野にわたり、新たな競合関係の勃発により境界線が不明確になる傾向を避けて通ることはできない。むしろ、以前よりもオーバーラップ化が進み、業界を区分けする意味が次第に薄れてきている。もともと、地球上の生物は同じＤＮＡを受け継いでスタートした関係であるから、協力したほうがスピードも増し成果も高まり、期待も膨らむのは、自然の摂理に適った流れだろう。

このような情勢変化や技術革新のスピード、新興国の経済発展、予想外の分野からの新規参入など、経済変化を先導する多面的な要因には事欠かない。そんななかで、問題提起してきた複雑系の経済学にしても、経済の先行きを読み切ることは容易ではない。門戸を閉ざすことの愚かさは天を侮るのと同じことであり、世の中の動きに乗り切れない結果に慌てふためき、他分野との融合に走らせ、守備体系も変えざるを得なくなっている。そのため、複雑性の要点でもある自己組織化への期待感や創発などの切り口も、前向きに活用されてきたものの、いまでは目新しさも失われてきている。また、従来の視点ではなく、言葉として言い尽くされているカオスやフラクタル、ベンチャー精神などに加え、情報革命、ＩＴ技術の普及により急速な影響を受け、広範な分野の技術革新と他の分野からの知識を結合し、積極的に意識革命を進めてきた点もつけ加えておかなければならない。ただ、ビッグデータやニューラルネットワークなどの発想が新たな視点として幅を利かせるようになり、形勢は極めて不利であることも率直に受け入れなければならない。

もう少し付け加えると、ほとんど無言であった大衆の意見や行動が、インターネットを通して容易に参画できるようになったことも、要因の一つとして挙げないわけにはいかない。このことは大きな社会現象にもなっている。既得権意識や保守的財産はよくしたもので、ある時期がくるとどこからともなく、水が漏れだすように崩れていく運命が待ち受けているから、ことさら物事を急ぎたて慌てる必要はないのだ。

経済活動の複雑化とは、このようにミックスされた因果関係がさらに多様化すること、そして、現実に即した政策や理論でなかったら、宙に浮いた空論でしかなく、大方の支持も期待感も得られなくなってしまう。宇宙の変化を防ぐ手立てがないのと同じく、時代は動き、変化を止める手段は持ち合わせていないのだから、その場しのぎの保守的感覚に惑わされ、妥協することの代償として最終的に泣かされるよりも、より透明で真摯な姿勢を貫くほうが健全でダメージも少なく、時代の流れを敏感に受け止められ、肩の荷が下りやすいのは確かであろう。そして、ＡＩ時代という大波が押し寄せてきたことで、従来の見識が根本から覆されそうなショックのほうが強いことは間違いないからである。

複雑性のポリシーを企業経営の現実に当てはめてみると、さらに細かな要素が加わってくる。なによりも日々連続業務が求められ、主戦場は競争に耐え、生き残るために、現場第一主義を最重点におき、総合力を発揮、日々前進する心構えの維持と、後退は許されない厳しさが求められる。同時に、片時の油断も許されない改革意欲とユーザー目線を見失うことなく、気力と体力とそして持続的な精神力を維持し、期待に応えなければならない。

その環境下で生き残るためには、頭をフル回転させ継続的で意欲的に立ち向かうしか、長い道のりは開けてこない。組織を動かすには、それだけでも、人と人との複雑な要因が絡み合い感情が交錯する、気の抜けないやり取りが連綿と繰り返される。

それにしても、組織を効果的に動かすことは、いつの世でも大変なことだ。働くことは社会に貢献するためと言えば聞こえはいいものの、本音のところでは、現実は生活の糧を稼ぐための、やむを得ない手段と割り切る気持ちのほうが強いのかもしれない。それでも、働くことは尊いことであり、ヒトの社会を維持するためには必要欠くべからざる手段でもある。若い頃から時間を持て余すようでは、ガス欠が生じ、先行きはあまり期待できない。もしも皆が怠けていたら、倦怠感がはびこり、陰湿な争いごとが頻発するかもしれず、そんな事態は、なんとしても排除したい。

もう少し働く環境の変化を振り返ってみると、当初は資本家に労働者が支配される一方的関係のスタートで始まった単純な組織スタイルも、時の流れのなかで労働者側の不満と要求が高まり、団体交渉という新たな駆け引き手段が加わったことで、この関係は次第に複雑な形に変形してきた。当初は、ロボットのように命令されたことだけを、不満があっても素直に作業していれば済まされていた関係も、労働者が経験を積み、数の力と知識を蓄え、不利な条件を改善させる作戦に切り替えるようになった。それでも、すんなり目論見通り事が運んだわけでない。今日でもサービス残業や不当労働行為は、形を変えて残っており、簡単にはなくならない現実がある。驚いたことに、電通のような名の知れた大企業でさえ、長時間労働による死亡事故まで引き起こし、訴訟されるなど社会問題になっているのだから。その他にも、同様のブラック企業の存在を疑っている人は少なくないだろう。理想と現実との乖離は、どこまでいっても見え隠れして防ぎようがなく、理屈ではない不可思議な関係にあるからだ。

それでも、基本的には、働く側と経営側との関係は膨大な経験と情報をストックし、複合的な相互関係にまで進化し、明確な労働環境が整備され、能力主義的パターンも浸透してきていることは間違いないといえよう。むしろ、組織として生き残るために必死であり、対立よりも技術革新の進展や労働環境の変化にどのように対処したらよいのか。予想外の競争相手が忽然と現われ、有力企業が突然蚊帳の外に置かれることも珍しくない現実を直視するしか対策は見当たらない。明日は我が身と対策に神経を使い、ケアレスミスに振りまわされる情報時代を乗り切るのは大変だが、そこを乗り切る楽しみもある。

ＩＴ化社会は、コンピュータがすべて正確に処理してくれるから、人為的ミスは起こらないと錯覚するケースが多いように感じられる。また、日常的に素人まがいの未熟なサービスに直面する機会が多くなっているのには驚かされる。非正規社員の増加やパート社員などの、非訓練社員の増加なども大いに関係がありそうだ。そして、絆が失われ、気配り不足と無関心主義の先行も無視できない。これだと、いくらＡＩ化社会だと騒いでみても、ヒトやロボットに完璧さを求めることなど不可能であることに、必然的に行き着くことになる。将来予測の難しさと矛盾点がこんな形でも現われてくる。ただ、この不完全さが寛容さを認め、楽しく生きることを許してくれると思いたくもなる。

もちろん、根本は、前向きにチャレンジする意欲があれば、アイデアは無限に広がっていく。複雑性とは、選択肢が増えれば増えるほど、その分、改革要件が倍加されることになり、将来、人工知能やロボット化などの強力なサポーターの出現により、難しい課題も難なく解決してくれる時がやってくると思われる。むしろ、先導役を担ってくれる時代の序曲が始まっているのは確かである。人間がロボットに支配されるのではないかと、今後の展開を心配する意見が出るのは、競争環境は多様化し複雑化している証である。

再度、複雑性に関して触れてみると、まったく異なる次元から、時代の流れに先行し、新たな動きの風向きを敏感に嗅ぎ分け、柔軟に対処する本能と、知的資産を有効に活用し集約するパターンと表現することができるだろう。既成事実化された枠組みに風穴を開け、そして乗り越え、別な枠組みへ移行する柔軟性と、レベルアップされた思考力や選択肢と多様性が加味され、生き残るために進化を継続する作業と言い換えることもできる。俗っぽく表現すると、当たり前のことを当たり前に感じて生きる姿勢と、安定的で柔軟な思考を維持できるひた向きな取り組みと、意欲の持続性ではないだろうか。

これを少し気取ってまとめてみると、複雑性の起源とは宇宙創成に始まり、宇宙現象から太陽系の恩恵を享受している地球の公転と生命活動、そこに物理や数学の法則、生物や各種の細菌・細胞の活動、さらには日々の日常生活に影響を与える自然現象の変化やエネルギー活動などに深く根差している思考プロセスとして集約することができそうだ。

そして、すべての事象は、複雑な相互関係の基に成り立っていることを再確認しておきたい。ここでのビジネスモデルとは、物事の変化要因は複雑性により生み出されたものであり、停滞とは一時的にブレーキが利かなくなったことを意味しており、復元するには修理を急ぐか省エネの新しいツールを開発することで解決できる。そんな感覚を持ち続けられる組織や物事には明日への光が差し込むことは間違いないと信じたい。

## 4．細胞と生命

人の体全体のありさまが、実は微生物に支配されているのだと、ミクロの段階まで明らかになるにつけ、何とも不思議な感慨が脳のなかを駆け巡る。しかも脳そのものも、言わずと知れた脳細胞に支配されていることに、重ねて意外な感覚に振りまわされる自分がいることに気づく。脳こそ別格な存在で、自分のためだけに独自に機能してくれていると勝手に思い込んでいたのだから、なおさら、不思議な意識に巻きこまれている感覚が頭から離れない。

肉体と脳とは不可分な関係であると、単純に思い込みすぎていたのだろうか。しかし、微生物や細胞に関する研究が進み、日進月歩でこと細かく、異論をはさむ余地がないほど、詳しい実態が明らかにされてくると、もはや、信ぴょう性に関して部外者が疑問をはさむ余地がなくなり、素直に受け入れるしか判断が浮かんでこない。しかも、最新情報では、体全体が臓器のネットワークで結ばれており、不審な動きがあれば危険信号が出され、その信号により細胞ごとのコミュニケーションが図られ連携プレーが開始され、回復活動を展開し健康維持に努めているという。それに失敗すると、何らかの疾病に侵されるプロセスまでが、こと細かく明らかにされている。

ちなみに、細胞の働きと同時に、微生物を外すことは許されそうにない。微生物は大きく分けて、古細菌、細菌、菌類、原生生物、ウイルスの5つに類型される。そして、地球上でもっとも数が多く、もっとも広く分布し、もっとも繁栄している生物である。それだけに、地球上に棲む生物の重さの半分を占める計算になると、土壌学者のデイビッド・モントゴメリーは述べている。

この実態とは、どのように表現するのが妥当なのだろう。つい最近まで、体の仕組みなど深く考えることもなく、脳や主要な臓器、血液の働きと骨格や筋肉の役割などについてはよく聞かされ、漠然と病気にかからないようそれなりに気を使い、脳が司令塔になって、体全体をコントロールしているのだと思い込んでいたのは、ほぼ間違いであることを知ったのは、前進というべきだろう。まさに、一億総健康志向時代に入り、体の細部にわたる詳細な情報が伝えられ、特に細胞の働きのすごさを知るにつけ、下手な疑問を挟む余地など見当たらなくなってしまったのだ。また、骨髄とは体を支える役割とばかり思っていたのに、血液を作り出し、免疫作用や健康を維持するため、さまざまな指示を出しているのだという。体内の各部位が精密な機能と素晴らしさを備え、役割分担している機器であることは体への思いを新たにしてくれる。

そしてまわりからは、それなりの豊かさとマスコミと健康食品メーカーによるサプリメント商品の執拗な売り込み、テレビコマーシャルその他、広告宣伝に巧みに乗せられて、あたかもいっぱしの専門家気取りで健康話題を得意げに話し出す。その内容は、病の原因とされている特定の臓器の働きを助ける栄養補助食品に関するものが多く、知らず知らずのうちに、医療の先端知識の上っ面をなでまわし引き込まれていることに気づく様子は少しも感じられない。情報過多時代のいま、情報の混乱に巻き込まれ、振り落とされないようしがみつき、鵜の目鷹の目で目新しい情報に飛びついていく。話題性や時流に乗り遅れまいとする、人々のメンタリティーと複雑な心のうちを読み取る企業組織の老獪さは、実に巧妙で執拗であり、どこまでも手段を変えて攻め立ててくる。

冷静に考えてみると、人体に宿る細胞は、内部から指示命令を出してエネルギーとなる食料を供給させ、悠然と生命を維持しているのだ。その活動こそ、体内における細胞本来の役割分担と作用であり、それが外面活動として表現され、飛んだり跳ねたり眠ったり考えたりする動作につながっている。しかも、休む間もなく時間を有効に使い、生命を維持するための活動に注視し、監視の目を光らしてくれている、ありがたい存在である。だとすると人の活動は、ほとんど細胞そのものであると言い換えても、何ら的外れとはいえない。毎日の食事も細胞、微生物が活動するためのエネルギー源であり、そこにずれが生ずると細胞の活動が低下し、免疫力も下がり、健康を損ね、病気を引き起こす。つまり、これらの働きこそ、人体の活動そのものを体現している根源とも考えられる。さらに、細胞の代謝性と複製する重要な能力も加わってくる。

しかし、そうなると自己とは人間が感じる認識ではなく、細胞そのものなのだろうか。

細胞個々の活動は独自性が任されていることから、脳も独自の機能として、心や感じ方の機能を調整する役割を担ってはいても、常識的に感じている中枢神経の働きで体全体をコントロールしているわけではないらしい。企業組織が機能するには、部門間の調整と機能が調和する必要があるように、細胞間や臓器との整合性を維持し、生命活動を持続させているパターンと、ほぼ同様な機能が働いていると解釈できるだろう。むしろ、企業組織はトップダウン形式が強いのに対し、細胞組織は生命を維持するため、他の生物に共生して生きてきたその生い立ちから推測して、生き残る上での知恵と融通性をしたたかに身につけている。まさに、生物にとって大先輩であり、人体そのものの操縦者ととらえても間違いではなさそうだ。

つまり、体内機能ごとの情報発信は、個々の細胞が役割を分担して行なっていることが明らかになっている。そうなると、大事な自己とか個性は、特殊な機能を備えた力が潜んでいて、何物にも指示され侵されるものではなく、脳細胞が本来の役割を果たすはずのプロセスまで認識する機能を持ち合わせ、感じ取っているのだといえそうだ。しかし、実態は肉体やそれを支える内臓などの働きに細胞の活動が加わり、状況分析していると解釈すると、現実は細胞の内的働きと外的意識との二重人格的な作用であると考えることができるだろう。あるいは、個々の細胞は、自律的で高度な自己組織化作用を認識しているとも考えられる。また、微生物の言葉とは、ゲノムによって暗号化された多様なタンパク質、ホルモンその他の化合物なのだと知れば、活動の根源となる発信源が一層明らかになり、人体の活動エネルギーを思考するパターンなども、すべて細胞の活動サイクルの一環として集約できることになる。

このような、人の際立った特色とは、原始の細胞が進化を続け、人と共生するようになり、突然変異で生まれ変わった細胞が、偶然にも学習能力を獲得し特化できた幸運と、学習を繰り返す段階を経てレベルアップすることができた、稀有な存在と考えられる。ほかにも、人から廃棄食品を荒らしまわる黒くて憎たらしいカラス、そしてイルカ、ゾウなども知的能力を有しているものの、現状で判断する限り、人と比較すること自体に根源的な無理がありそうだ。

それとも、人間の体は微生物と細胞から成り立ち、機能や思考は結果として進化した成果と捉えるのが正しいのだろうか。生物とは微生物と細胞そのものだとの解釈が進むと、誇り高き人としてのプライドが消し飛んでしまう、そんな気分にさいなまれてしまうのか。待てよ、生物は細胞のお陰でこの世に生まれてきたのだから、あまり深刻にならず、これまで通りのあり方や行動を続ければいいのだと、素直に割り切る手もある。

いやむしろ、人類が勝手に命名した動植物の呼称、そして宇宙空間に存在する数限りないと思われる物質などの内訳が、さらに明らかにされてきたのだから、その裁定を重んずることのほうが先決問題であり自然ではないだろうか。つまり、現実の生物や人間に関する詳細がここまで解明できたことを感謝し、素直に受け止め、人間理解の本質がさらに深まってきたと評価することの方が健全な解釈といえよう。

どうにもならない現実は否定することも転換させることも不可能であり、むしろ、医療技術の向上と貢献度が高まり、計り知れない恩恵を享受しているのだから、深刻に悩むのは精神的にも好ましい姿ではない。そして、これまでの進化の詳細を知り将来につなげていくことが、自然本来の姿を基本にした人類の責務であり願望でもあると認識し、これまで以上に前向きに対処していく意識を持ち続けることが大切になる。そうでないと、生命の解明や医療技術の本質的究明が立ち遅れ、置いてきぼりされる危険性が出てしまう。現実に人間は人間として位置づけは確定しているのだから、従来通り悩まず受け止め、自然の一員であることを強く認識し、微生物との共生のための研究を一層前進させ、責務を全うする心意気を大切にしたいものだ。

このように、人間は細胞に支配され生命活動にいそしんでいるのが現実であり、かつて、研究と情報不足のころの物語には細胞に関する記述はほとんど見当たらず、現在のように詳細な実態が明らかにされると、その違いに驚きと違和感に圧倒される気分に変わってきている。それだけに、いまでは、急転直下、健康意識の高まりも加わって、その生い立ちや活動の実態に迫るべく、生物学者を始めとした様々な研究者がしのぎを削り、先を争い、新たな検証成果が次々に発表されている。特に、近年その成果は素晴らしいものがあり、

ＩＰＳ細胞やＥＳ細胞の発見による細胞の再生活動も現実になってきた。そのための再生医療に使う細胞を効率的に選別するため人工知能を使い、良質な細胞と質の悪い細胞を振るい分ける技術の開発が進んでいる。

あるいは、生物量子論（量子力学で生命の謎を解く）などの新アプローチも違和感なく受け入れられている。むしろ、生物にとって生命に関する題材は究極の選択肢であり、欠かせないテーマだけに注目度が高く、しかも、対象内容、機能の検証範囲なども広いため、高度なコンピュータ解析も加わり、詳細な成果を得ることを可能にしている。細胞を知ることは生命や体の健康を支える重要な手がかりを得る必須の題材だけに、その動向から少しも目が離すことができない。いずれにせよ、生命発生の主役として、生物世界を支えてきた「偉大なる微生物、細胞」の存在こそ、自然現象を乗り越え、そして生き残るための場を必死で確保し、ひたすら生命を維持し進化してきた足跡であり、人類は感謝の気持ちを表わすほかに、最良の手段は浮かんでこない。

擬人化ではなく擬微生物化が明らかになるにつれ、人はさらに、これまでの優越感意識を放棄し、劣等感気分にさいなまされるだろう。細胞なくして人はなく、細胞の健康なくして人の健康もない。健康を害することは健康細胞が免疫力を失い、悪性細胞との戦いに敗れるからであり、そこが改善できないことには、健康は取り戻せない実態を通して、広範な角度から要点を教えてくれている。そんなやりとりの詳細な研究が、幅広い研究者の努力により着々と見事なまでに足跡を残し、成果として積み上げられている。

私たち人間は、これらの実験に欠かせない実験用マウスやモルモット、ショウジョウバエなど身代わり役として支えてくれている実験動物の貢献にも感謝しなければならない。同時に、科学の進歩と並行して個人が常に意識的に操作でき、精神的栄養素ともいうべき思考パワーの並行的効用も頭ごなしに否定するのではなく、多様性における一つの要件として受け入れるゆとりも必要になる。

苦しい時の人は弱いものだから、精神的栄養剤も全面的に無視することはできない。思考や精神性などは、その人特有の属性として切り離すことはできず、むしろ、心の支えとして幅広く受け入れることは許されるだろう。

ここでのビジネスモデルは、体の活動は微生物、細胞により支えられていること。細胞個々の働きは高度な自己組織化により維持されていること。また、細胞間のネットワーク活動が盛んであり、元をたどれば宇宙原則に即していることから、人の動きも例外ではない。それだけに、ビジネス活動も細胞の動向に影響を受け学んでおり、尊敬すべき存在であること。この思いもつかなかった相互関係を大切な教えとして、最大限ビジネス活動に生かしたい。

## 5. 医療と科学技術

腹八分目に医者要らずの表現は、高齢者に長生きの秘訣をたずねたとき、決まり文句のように聞かされてきた。食べ過ぎが健康維持にマイナス要因になることを簡潔に表現する言葉として伝えられている。一般的に、健康でありたいと願わない人など、とびきりヘソ曲がりで特別な事情を持ち合わせているか、あるいは、不幸なことに、数奇な運命に翻弄されてこの世に見放されてしまった例外的な人などは別にして、常識的には存在しないだろう。とはいえ、世の中は広いから、あまりにも突飛すぎて常識論では語れない事例が、こつ然と現われたりする。不用意なことを口にするのは、慎まなければならない。

ちまたでは、人の寿命や時間は誰にも公平に与えられているといわれている。しかし、正確に解釈すれば、住んでいる場所の高低や緯度の違いなどで少しずつ違いが出てくるのは自然の摂理によるのだから、少しばかりのズレが出るのは仕方のないことであり、特に意識することでもないだろう。ともかく、生物が何億年も生命をつないできた生への執念こそ、驚異に値する出来事であり、同時に、現に生を受けていることの現実に、最大限の感謝の気持ちを捧げたい。

生きているからこそ、時間とエネルギーを消費し多大なコストをかけ学び成長し、経験を積み上げ夢や希望へとつなぐことができる。もちろん、いくら努力しても成果に結びつかない巡り合わせや、予想外のアクシデントなどに見舞われることなども、計算に入れておく必要がある。特にアクシデントや試練は、実際には偶然であるのに、必然的であるかのごとく直面するものだから、何とも不思議に思えてしまう。しかも、良いことばかりや悪いことばかりではなく、相互に同じような確率で巡ってくるように感じられる。そんなとき、神の存在を信じてしまいそうな気分になるわけで、人の心理とは軟弱で安定感のない思いつきに支配されていることがよくわかる。

特に、病気という正常な活動にブレーキがかかる出来事に直面したときの心理状態は、人それぞれであり、一概には表現できないものの、誰もがマイナス意識を何らかの形で感じることはほぼ間違いない。普段、健康であることを前提にした行動が日常であったものが、健康を害することで赤信号がともり、計画変更を余儀なくされる精神的負担は大きい。根っから楽天的な人はともかく、心配性の人の多くはふさぎ込んでしまうこともあるだろう。そんなとき、健康であることのありがたさを、ふと実感させられる。

生物は、日常的に生き残りをかけた生存競争や自然現象に翻弄されており、平常でも予期しない事態が、次々に襲いかかってくるのは避けられないだけに、健康であることが最低条件であることに、必然的に行き着いてしまう。その荒波を乗り越えられた、もしくは、環境に早くなじむことができた個体が勝ち名乗りを上げ、その後の有力候補として選ばれたことになる。そして結果的に幸運を引き寄せ、生命をつなげる最適な道筋を探り出し、進化を乗り越え、生物社会を支えてきたとも考えられる。もしも、生存競争や病、ケガなどのアクシデントがなかったとしたら、おそらく、軟弱な生命があふれ出し、秩序が崩壊し、日陰の道か自滅の道を選ぶしか手段を見い出せなかったであろう。つまり、形や姿はともかくとして、現存している生命は、その時々の幸運の道筋をたぐり寄せ、生き残ることができた幸せ者でもある。

それにしても、少し目をそらし、宇宙空間のウイルスまでも含めた生物の数を考慮に入れると、その多さに圧倒されること間違いないだろう。それだけに、つい最近まで有力であった適者生存説だけでは全体像を推測するには無理がある。今日のような実証的な現象分析が可能になり、生命の持続に関する詳細が明らかになったことが大きな成果を引き寄せている。当時は、対象生命の範囲が広すぎたことと、生命継続の意外性と奥行きの広さなどを包含した、複雑性と生命多様性による混沌さまで掌握できなかった違いがあった。これこそ人知を超えた生命の存在と、摩訶不思議さを掌握することの困難さとが織りなす、限りなき舞台が存在していたことを痛感させられる。

どんな生命にも、与えられた寿命や運命があるからこそ、いかなる権力者でも無名の個人にも制約することのできない、与えられた時間的限界を最大限活用する方策を求め、次の世代への「新陳代謝のサイクル」をバトンタッチすることで、生命の維持に貢献してきたのである。これこそ、誰にも覆すことのできない基本的原則であり、駆け引きすることなく、自己中心的な満足度を探し求めながら、生き様としてのストーリー演出者におさまることができた。そこに、何らかのアクシデントや疾病などという要因が加わることで、一層ドラスチックな現象が倍加され、当事者としては喜怒哀楽の素となり、ときに醜い肉弾戦が繰り広げられ、筋書きが一変することもあり得るという、多彩な事態が生物全体のそして人類の歴史を彩ってきた。

いずれにせよ、命の長短こそ個人特有の運命であり、巨万の富をもってしても、人知では解決困難な課題として、連綿として繰り返されていく。物も含めたケースでは、その時代特有の雰囲気に加え、リーダー独善の裁量がなし崩し的に認知され、演出され続けてきた端的な事例として、ピラミッドやスフィンクス、パルテノン神殿その他多くの巨大な歴史的建造物を象徴的に挙げることができる。これこそ、結果的に人類の偉大な歴史遺産として現代に受け継がれている、歴史的な宝庫とも言い換えることができるだろう。もちろん、いまとなれば、文化的価値の付加による情報の拡張性と、知的遺産の累積価値として、抜群の宣伝効果を生み出すありがたい存在となり、多大な貢献をしてくれている。

しかし、「生命」こそ最高の関心事であったことは、時代をどこまでさかのぼっても、今後、知識や経験を長年積み重ね、どのように変化したとしても、万人の注目点であることに何ら変わることはない。むしろ、生への執着心は、意識や生活レベルが向上することにより、関心が高まるばかりであろう。近年では、医療技術の高度な進歩に伴う「延命課題」に関する対応論議が絶え間なく続けられ、次第に現実味を帯びてきたことに加え、命のあり様さえも問われる時代に直面している。細胞や遺伝子操作によるクローン人間や遺伝子の冷凍保存など、新しい医療技術は絶え間なく進化し、その欲望が止まることは考えられない。冷凍人間にし、しかるべき時が来たらこの世に戻す実験も、すでに、アメリカなどで始まっている。人類の存在意義を含めた倫理問題や今後の世論の動向に目を離すことはできない。

人生は一度しか巡ってこないと知ると、少しでも長く生きていたいと考えるのは、万人に共通する願い事でもあり、さらに、高齢化が進むことで、働く環境や意識構造と社会情勢の変化も避けて通れなくなる。寿命の長さを願う気持ちと、激動し進化する厳しい狭間で人は喜び、そして悲しむセンチメンタルな気持ちが高鳴るのを、どのように抑制していくのだろうか。

いま、地球環境全般に関わる共通した認識の共有と、エイズなど難病の撲滅への取り組みと協力体制などが世界的な課題になっているのは、人類存続の共通で重要な命題だからに他ならない。その一方で、経済格差の拡大と貧困層の増加による困難な課題も急増している。これだけ近代化が進んでも、難民の増加が続き、生活環境が悪化し困窮しているさまは、根本における脆弱さや人口増加のスピードの速さなどに起因するものであり、最後は国際的な食糧不足や医療問題として跳ね返ってくるのを回避できない苦しさが垣間見えてくる。

先年、日野原重明医師が、御年105歳で亡くなった。最高齢の生涯現役医師としての医療貢献と多方面における啓蒙活動に意欲的に参画された先進的姿勢に、傍観者の一人として、率直に敬意の念を表したい。90代でも活躍されている女性文筆家等の存在は、高齢化社会の象徴であり、年齢を感じさせない前向きな意欲に感心させられる。

それぞれに共通する点は、独特の信念と個性の強さ、そして若い気持ちの持ち主であることだ。あるがままに生きる、この言葉は強い心のよりどころを持った人の心境であって、簡単には到達できるとは思えない。

一方、生活習慣病といわれる現代病に罹患するケースは、女性に比べて男性のほうが多いと感じる。それは生理的側面や現役時代の飲酒などの機会が多いことや、関連的な諸々の人間関係から生じた精神的苦痛なども、一因として挙げることができる。むしろ、生活環境も食料事情も向上し、必要なものは何でも手に入るこの時世は、少し油断すると過食や偏食につながるだけに、セルフコントロールするのも容易でない。

モノ余りと欲しいものが自由に手に入ることによるツケは、まわりまわって医療問題となって跳ね返り、国の医療費の膨張や医療現場の過重労働と人手不足などが悲鳴となって現われ、社会問題化している。とても器用な日本人。誤解をおそれずに言えば、外食や加工食品の現場では、栄養バランスよりも添加物による味付けが施され、消費者の食欲をかき立てている。食品産業の宣伝活動にも踊らされて、食事の基本である手作りをベースにした野菜中心の料理で食卓を囲むという意識が低下していること自体、現代病と呼ぶこともできるのではないだろうか。

その一つの要因として考えられるのが、避けることのできない女性の社会進出である。それがしわ寄せとなり、添加物が多くても食欲をそそり、手間ひまをかけずに提供できる、一見、見栄えのよい料理のパターンにますます引き込まれてしまっている。便利さの代償は、根本的な健康課題を見過ごし、情報過多と安易な健康知識に触発され、口当たりや目先の流行に押し流され、健全な思考パターンさえも見失う危険性を繰り返すことによる怖さを教えてくれている。今後も、女性の社会進出が避けられないとしたら、食料品や食事による栄養摂取の理想的なあり方や解決策として、いま以上に、自然食による健康意識を高め、実行に移せる環境づくりが欠かせなくなってくる。

いくら和食の美と健康志向の成果を高らかに宣伝しても、足元では栄養価の低い野菜が出まわり、果物も季節感が失われ、おいしくないイチゴやトマトなどに出くわすことがある。その味にがっかりすると同時に、本来の味や食感が失われていることが大いに気にかかる。これも時代のニーズを先取りする動きに押し流され、健康問題よりもビジネス志向の巧みさに目をふさぎ、不満の声が顕在化するまで、しばらく時間稼ぎの我慢を、強いられているからだろう。いずれにせよ、最終的には、栄養価への懸念から寿命や医療問題に集約されていくことは、間違いなさそうだ。誰にでも当てはまる、疾病も寿命もいつどこからどんな形で降臨してくるかわからないのが、予測不能な人生の隠されたミソだとも考えられる。だからこそ、医療技術の向上を怠ってはならないとの声も聞こえてくる。物事は、そもそも万全な解決策など求めるのは無理な話であり、むしろ、未完成交響曲が連綿として続いていく感覚であり、中途半端な夢を追いかけ終わりのないゲームなのだと、言いかえることもできそうだ。深い味わいを求めるのではなく、瞬間的快楽で満足する現代の風潮は、作り手も使い手もお互いに騙しあって満足しているようにも感じられるのは残念なことである。

さて、ロボットが医療を先導する技術革新や医薬品の開発も、世界的規模でしのぎを削っているのに、新たなウイルスの攻勢や矛盾点を抱きかかえたままの過剰なまでの医療行政などの空まわり。そして、改革よりも周囲の動きばかりを気にする心理的保守性は、必然的に周回遅れの対策を打ち出すばかりで、将来のビジョンは一向に生まれない。

クールジャパンなどと他国との違いを得意げにアピールしてみても、どの国にも文化とクールな要素は必ずあるのだから、しょせん一過性であることは免れないだけに、もっと自然な形でアピールすることの大切さを見落としているように感じられる。どこの国にも、風土の違いや環境の違いから生まれる個性や異質性があるのは、なんら目新しいことではなく、それが文化であり習慣なのだから、取り立てて騒ぐほどのことではない。

それよりも、命に係わる医療問題は、常に医療技術の向上と新たな脅威との闘いであり、未知のウイルスやどこから攻撃を受けるか予測困難なことが多い分、対応の難しさと状況変化のスピードや緊急性が求められるのは避けられないはずだ。しかも、対象になる人数の増加問題などが将来にわたり追いかけ続け、終わりのない役割への期待が続くだけに、これまで以上に注目が集中すると思われる。

国の財政を脅かし続けるのが避けられない医療費の高騰問題は、高齢化社会が進むどの国でも同じ悩みを問われている。その要因たる、医療技術の高度化に伴う医療機械の開発促進費用の高騰、新規医薬品等の研究開発費の増大、新規医療設備に対する投資の増大、医療従事者の人件費の上昇、と、頭の痛い難問が次々に追い打ちをかけてくる。高度医療の発展は、避けられない高齢化社会の到来と医療費の大幅な増大を呼び起こし、平均寿命の向上に寄与した分、通院回数や医薬品の使用頻度がうなぎ上りに上昇する要因をつくり出している。断ち切る術のない、いたちごっこの様相はどこまで続くのだろう。

最終的には、少しでも寿命を延ばすのが人類の夢であり、それを実現するためには、医療技術の革新が至上命令である。人工知能の代表作品である知能ロボットによる診断と治療技術向上に依存する割合が増えていく流れの過熱化を止めることはできない。また、膨大な分析情報を認識するディープラーニング対処能力は、人よりもロボットのほうが格段に適しているため、医療関係をはじめ広範な分野での活用が着々と進められ、行き着く先は予想もつかないほどの変革が、複雑な問題を抱えたまま待ち受けている。ロボット対人類の争いが夢物語ではない時代が、多くの曲折を経ながらも、ひたひたと現実化してきている現状に不安もあるが、同時に期待感も無視できない。

このように、医療の現場での医療ロボットの活躍が期待される現実は、細菌や細胞の役割分担が格段に明確になり、さらに、疾病発生の詳細分析が進めば進むほど、必然的に出番が増えることへの期待が高まるばかりである。その時、医療の現場ではどのような変化が現われるのだろうか。

担当医師はコンピュータ分析されたデータに依存する割合の増加と、ロボットによる治療の必然性により、これまで以上に成功の確率も上昇するだろう。最終診断は医師が担当するにしても、本来であれば、余裕ができた分、患者とのコミュニケーションが増え、医療の質の向上をもたらすはずだ。

しかし現実には、現時点でさえ、医師の個人的技量差が大きく現われ、コンピュータ画面と対話して診察が終わるケースが多くなっているといわれており、大変残念なことである。医は仁術なりと言われた時代は、遠い昔になってしまったのか。医療の高度化は、人対人の関係にコンピュータ技術という強いツールが加わることで、むしろ逆効果となり、ロボット頼りが増えてしまう可能性が否定できないというマイナス要因がある。

現状をみると、医療ロボットによるデータ分析や手術の負担が多くなり、高度医療現場の様相が大きく変わってきている。患者との接点や対応にも変化が現われ始めており、将来的に、医師に求められる資質をロボットが代替する時代が到来するかもしれない。そうなったとき、大事な医師とのコミュニケーション機会が薄れてしまう危険性をぬぐい切れない。

社会的常識として、医師はトップエリート集団と言われている。ただ、偏差値エリートだけで能力を判断するのは危険であり、人間性や使命感、職業意識なども加味した、個人別による落差の大きさも評価材料に入れておく必要がある。もちろん、他の分野と同じように、全員が満点など望むほうが無理な話であり、その証拠に、どこにでもあるような医師による初歩的医療事故や低次元のスキャンダルなども時々報じられている。それ以前に、医者も人間なのだから期待しすぎるのも問題であり、ただ、患者にすれば、担当医との巡りあわせによる相性と技量、運に左右されることに神経質になるのはいつの時代にも避けて通れない。それでも、生命にかかわる内容だけに、診断結果に対する期待感だけが先行し、あとで恨み節がでたりするのを止めることはできない。

そうかと思えば、看護師との出会いも無視できない。親切で一生懸命職務を処理する看護師がいるかと思えば、適当に最低限の業務を処理し、決められているはずの職務を上手に手抜きする、したたかな看護師に出会うことがある。職業として選択したのか、当面の働く場として選んだのか、全員に愛情に包まれたナイチンゲールの精神を求めることなど、しょせんは無理な話であり、そんな精神性をどこかに置き忘れている当事者がいても、少しも不思議ではない。

どこの職場でも見かけるこの手の人の性格は、簡単には変えられそうにないから、ここにも介護ロボットの出番を仰ぐことになるのだろう（しかし、真夜中に入院患者を見まわるのは大変である。ロボットがすべて代替できるとは考えられない）。命を左右する職業との葛藤はいくらＡＩ化が進んでも、細かな中身に関する双方のギャップを埋め尽くすのにはかなりの時間を要するだろう。まして、医療技術進化の恩恵を万人にもたらすことの難題をどのようにして克服できるのか、ここが理想と現実の狭間にある頭の痛いテーマであり、どこまでもつきまとう難問といえよう。

経済成長の恩恵も、格差は拡大しても貧困層の救済が進まないのと同じような構造ではないだろうか。これはいくら逆立ちしても、量子コンピュータに委ねても解決は難しく、何やら、自然からの重力がそうさせているようにも感じられてくる。翻って考えてみると、特に動物の世界は、宿命や偶然が重なるとはいえ、人の仕打ちによるはかなき運命に生かされている差別化こそ、感情的にも同情を禁じ得ない。本来は、野山を自由に駆けまわることこそ天命であるはずなのだから。

寄り道はこれくらいにして、これだけ医療技術の進歩があっても、量子医学（波動医学）を実践されていて、癌などの難病患者を救っている日本人医師がおり、ニューヨークで人気を博しているという（小林健医師。著書に『病を根本から治す　量子医学　古くて新しい魔法の健康法』キラジェンヌ㈱など）。基本療法は針と鍼灸であり、そこに、古典的ながら独自の量子波治療で医学を変えようとしているとは予想外であり、少なからず期待を持たせてくれる。これだけ人工知能が騒がれている時代に、基本的には、肉や魚を極力抑え野菜中心と玄米をベースにした食事療法と、良質な水による治療で人気を集め、高い評価を得ているという。量子医学とは愛のネットワークであり、つまり誰にも愛をもって接することを主眼にした対処方法だといわれている。とめどもなく医療技術は進歩を求められていても、このような特殊なケースは間違いなく人類が滅亡するまで続くことだろう。それなのに、こうした古典的医療による自然回帰と思考のパワーで病を克服していく現代医療との落差は、エリート集団からすれば噴飯ものではないだろうか。しかしこのような例外的ケースはいつの時代にも存在し、むしろ、多様性が歓迎され、医師に見放され途方に暮れた患者の選択肢の一つとして、共鳴と歓待を受け続けることだろう。

不特定多数の患者と多様な病原体と疾病などに対処するためには、それなりの専門医師や看護師の人数、設備の準備などに要する財務の健全性等々、どれ一つとってみても、安定的な経営体制を維持するのは容易なことではない。あるいは、疾病はある種の「ひずみ」から発生し、体はさまざまな仕組みを通じて自分自身を効率的にケアするよう構築されているともいわれているように、健康を維持するには、普段から無理のない食生活や体力維持を心がけることで乗り切ることが一番の近道らしい。これこそ、共通的であり格好の殺し文句でもある。しかし、多くの人は、紆余曲折した人生を歩む途中のどこかで、落とし穴に入り込んでしまい、はからずも、病院のお世話になる確率が高くなっている。

新生児は無菌状態で生まれるのだから病気とは無縁なはずなのに、その後に直面する環境の違いや認識のずれが個人差を生み、次第にマイナス作用となって現われる。その点に関連して、幼児期の予防診断に抗生剤を使用する問題点が浮上しており、見直しの必要性が議論されているという。医療の進歩が速すぎて、予防意識が強く働き、そこに意外な盲点として浮上している。直接目に触れることの少ない新たな挑戦者の攻撃は終わりがなく、どこまでも油断は禁物であり、先手必勝や安全パイ意識が早めの行動として表面化し、かえって裏目に出ている事例と考えられる。結果的に、過保護になりすぎず、自然体療法よりも、近代療法に依存しすぎるというのが現状のようである。

このように先端医療研究は、細胞の機能や役割分担など実に細やかな点まで分析され把握されているにもかかわらず、現場では人間特有のジレンマとの折り合いが難問であり、どこまでも厄介な課題でもある。また、注目を集めている、ロボットの役割が大きくなっても、患者の心理状態まで認識し、医師の日々の診療まで肩代わりできるまでには相当の時間が必要になるだろう。それでも、西洋と漢方医学に加え、古典的精神的パワーに重きをおく医療の存在もあながち無視できない。

高度医療任せの治療も、最後は患者対医師の関係であり、とりわけ医師の豊かな人間性と広くて深い専門知識に委ねる構図が重要性を帯びるのではないだろうか。経験豊富な医師は若手の医師と比較して、難病患者にはなぐさめの意味を含めて、①適度な運動　②適度に頭を使い　③無理のない食事と自己管理ができる意思、があれば病気は回復できると元気づけてくれるゆとりがある。それに対して、近代化されたベルトコンベア方式の医療姿勢が先行しすぎると、患者とのギャップが大きくなり、マイナス効果が生ずる難点も考慮に入れておく必要がある。これに限らず、何事も偏りすぎた意識は、多様化を忘れがちであり、本質的に必要とされる新しい時代の精神的ニーズを置き忘れる危険性を内包しているだけに、直線的思考は可能な限り避けるのが賢明といえるだろう。健康管理においては、病院と薬に頼らず通院回数を減らし、最大限、医者いらずの自律的健康をめざす意識を浸透させ、そして、個人の自然治癒力に重きをおく医療のあり方を優先させたいものだ。

最後に、マネジメントが難しく、赤字体質傾向にある病院経営のビジネスモデルについても、看過できない状況から抜け出すため、オープンな議論が必要だということをつけ加えておきたい。

大企業であれば、外部から後継者を引き抜いてくることはできても、病院経営となると部外から経営のプロを引き抜いてくるのは簡単なことではない。この職場の特異性である、人の命に関わる職能であることから、余人をもって代えがたく、医療の専門知識を持った人を後継者に選びたいとする特権意識の強さは簡単には崩せない。経営側と医療側との棲み分けができれば理想的であるが、医療関係者がトップに座り、全体をマネジメントするスタイルのほうが傾向的に強いのは理解できないわけではない。しかし、医療に秀で経営にも精通している人材を得るのは、簡単なことではない。

この悩みは、よく俎上に上がる、大学運営にも酷似した特性が感じられる。たとえば、都立病院は都の組織の一部であるため、巨額の赤字が許されてしまい、独立経営ならば、赤字は解消できるといわれている。独立経営になれば、議会の承認もなくなり、独自に問題解決する裁量権が得られることと、やはり、経営側の資質が大いに関係するのだろう。その点で、個人病院の場合は、組織も小さく独立起業的色彩があるだけに、医師がトップに座り運営しても、それほど問題は表面化しない。むしろ、経営の内情を左右するのは院長たる医師の力量によるため、経営の中身に対する結果責任を放棄できないことになる。つまり、慎重な運営を優先せざるを得ない姿勢と、意欲の違いが考えられる。

それに比べて、大きな病院の運営は、プライド意識の強い医師と採算を重視する経営側との折り合いがくすぶり、簡単に収まらないこともあると聞く。医療行政も絡むため、独立採算制で自由に経営を推進したくとも抑止力が働き、多角的な経営をする土壌もなく、競争環境も厳しく、健全経営への道は厳しいものがある。

高齢化社会が進むいま、大きな病院には患者が集中しているにも関わらず、黒字経営化するのは容易ではない。公立病院クラスでも赤字体質から逃れられないのだから、苦悩ぶりは推して知るべしだろう。社会的役割が大きく、地域分散の趣旨も踏まえた適度な医療サービスを提供する役割を負わされている面もあるだけに、必ずしも、経営の健全化と理想的な医療体制とが一致できないケースが出るのは仕方のないことでもある。それでも、先端医療への対応は必須の要件であり、止まることが許されず、間断のない前向きな態勢を崩すことはできない。しかも、コスト面の制約から逃れることは、たとえ医療組織だからといって逃れる術は簡単には見当たらず、いかなる場面にも、費用対効果を抜きにして語ることは許されないのと同様である。

そこにＡＩ時代到来で、医療体制の実態が大きく変化するのに呼応し、それに対処できる新たなビジネスモデルの構築を模索するしか名案が浮かんでこない。機械的ではなく、合理性と先端性を兼ね備えた、独自スタイルによる経営のあるべき姿を、早急に追い求める必要性が強く感じ取れる。それは、病院経営の専門教育を受けたプロ経営者なのか、多様な企業経営経歴の持ち主なのか、経営能力にも優れている医師とＡＩ知能のサポートによる運営体制になるのか、大いに議論しながら健全な道筋を探り出すしか、解決策はなさそうだ。

医療ビジネスモデル構築の難しさは、人の生命を預かる医療現場だということにある。たとえば生産工場の無人化は推進できても、医療現場を無人化することは大変難しいことで、強引に合理化を推し進めることもできず、また採算を優先させ過ぎると、命を軽んじているなどと非難を受けてしまう。このビジネスモデルは、枠の中に入れて処理するのが難しい職能であることは否定できない。そこから脱却する決め手として期待したいのが、ＡＩによるデータ解析である。過去の膨大なデータを分析し、医療業務体系をパターン化することで、業務の定型化と効率化が可能になり、医療業務の分担と棲み分けが飛躍的に向上し、抜本的な改革の方向性が見えてくる。

## 6. エコロジー連鎖

エコロジーとは、辞書によると、人間を生態系を構成する一員としてとらえ、人間と自然環境、物質環境、社会状況などとの相互関係を考える科学と説明されている。これだと大枠しか理解できないが、特に統一された見解もないらしい。

理想的な自然環境に一番大切なのは、大気の汚染を少なくして、風や雨による水の循環を良好にすることで、それにより、野山の樹木は豊かな植生を生み出し、多様な実を実らせる。田畑では微生物の活躍により土壌が肥え、そこに農作物が実る。そうして結んだ実を人や動物、鳥や昆虫などがいただく。そして、海や川では魚や生物が自由に回遊する。そんな健全な食物連鎖のサイクルこそ、生態系のあるべき姿ではないだろうか。

このところ、循環型社会実現の重要性を指摘する声が、むしろ小さくなっている感じがする。それだけ全体的な認識が深まったからだろうか。また、リユース、リデュース、リサイクルなどの認識が社会的に根づいたからなのか、あまり聞かれなくなったように感じられる。市町村単位の廃品回収も有料化が進み、以前よりかなり徹底した分別を求められ、前進しているように見受けられるが、はたして満足いくほどの成果を残しているのだろうか。確かに、有料化により認識も増し、廃棄量も減少しているとの報道も聞かれる。それだけに、人の心を見透かしたような、カラスの生ごみ入りの袋を破る妨害も以前よりは減少していそうだ。しかし、エコロジカル・フットプリント（地球全体の生態系を守る指標）に関しては、特に産業化が進んでいる先進国中心に地球環境汚染が拡大し、1980年代にはすでに地球の健全とされる容量の環境基準を超えてしまっていると指摘されてきた。そんな警鐘がたびたび発せられても、その流れを変えることはできず、産業化の波は拡大するばかりで、年を追うごとに、地球の生態系に関する病状が進んでいるという。

その第一の理由は、経済活動がより活発化していること。ほとんどの国が、資本主義形態の経済拡大を志向しているため、必然的に環境汚染と隣り合わせの要因を巻き込んでしまっている。利益至上主義は自己利益中心に走り、競合相手を蹴落として、自然環境の破壊も汚染も、そして、貴重な動植物を絶滅危惧種に追い込むことをいとわない残酷さも占有している。何らかの競争関係を断ち切ることのできない世界に住んでいる以上、生き残ることは、何事もなく、穏健に通り過ぎることを許さない、厳然たる現実と向き合わなければならない難しさが同居している。

資本主義社会は、他者のことよりも先手必勝の社会であり、自由競争社会であるだけに、とにかく生き残り、目標を達成するために、不本意であっても、妥協的手段を選ばなければならない怖さが常につきまとう。しかも、高度な技術社会に突入したことで、いっそう早い者勝ちになり、そこに、冷酷で高度な機械的専門性が加わる。むしろ、各種の格差と分断化を生み出すという、常に予期せざる事態が頻発する可能性を内包しており、必要以上に競争意識をかき立てる要因をつくり出している。仮に無意識であっても、生態系までも悪循環に巻きこんでしまうサイクルは、まことに始末が悪い。

第二の要因は、結果的に資本主義体制を擁護することになる、世界の人口の増加問題が考えられる。この問題に応えるため、生きるために欠かすことのできない食料を確保しようと、自然の生態系を崩してでも、目の前の森林伐採や動植物の乱獲を止めようとせず、目標めがけてひたすら駆けずりまわる。また、食肉の増産と利益確保を最優先させるため、周囲の環境被害も無視して生産設備を拡大し、短期間で牛や豚、鶏などを育成し、市場に送り出している。農産物の過剰生産が原因で大地は痩せ、地下水など水資源が枯れて被害を拡大させても、当事者は正当性の看板を取り下げようとしない。あるいは、業界団体の圧力を利用して、農業保護を政府に訴え続けている。

生命の基本である食を支える産業の強さは、大地に根差している絶対的な強さがあるだけに、少しぐらい社会的な迷惑をかけてもやむを得ないという意識が、根底に横たわっているからだろう。動物のなかでとびきり頭数の多い部類に入る人間とは、何たる破廉恥な生物なのだろう。そうは言っても、ビジネス活動も、際限なく拡大させ、過剰生産もいとわず、シャカリキに前進だけを考えてきた経緯があるだけに、農業関係者の身勝手さだけを非難することはできそうにない。もちろん、この分野にも、農業以外の大企業が進出し、競争をあおっていることも懸念材料である。

人口の増加は、そんな経過にはおかまいなく、生き残りをかけて日々戦略を練り直し、結果的に地球に負荷をかけ続けているが、このような勝手な手法がいつまでも続けられるとは、とても信じることはできない。しかし一方で、人類もいくたびとなく困難な災難を克服し乗り越えてきたではないかとポジティブに受け止め、前向きに対処するより他に解決策はないのだと、正当性を主張する声もある。確かに、知恵を出し合い、解決することで道が開けることとの重要な意味合いを、片時も忘れることはできない。そして、傲慢で勝手な態度ではなく、互いに問題点を整理し、相手の意見も謙虚に受け止め、方策を考え出す姿勢を持続させないことには、次への道が開かれるはずもない。

ところで、有史以来、地球上の生態系が本来的に均衡を保つことができた時代は、果たしてあったのだろうか。地球自体が変化している存在なのだから、何をもって理想的状態と判断し、悠久の時間の経緯に対して正常な答えとするのか、地層に関する科学的年代分析技術の目覚ましい進歩は認めるとしても、詳細については推測レベルに留まってしまうだろう。それにしても、何億年前の森林の存在や海洋と物質の役割、化学的変化を伴った自然現象の変転などが繰り返されつつ、世紀単位で均衡が維持されてきたことは、言うまでもない歴史的事実でもある。そこに、恐竜より何倍も悪賢い人類が新たに加わったことで、以前の様相を大きく転換する序曲が始まった。近年の実証分析技術の進歩により、局所的現象から推測できる環境が整ったことが大きな前進となり、話題に事欠かなくなってきた成果を評価し、さらなる発見に期待をつなげたい。世界的にも、自然に露出している調査現場の数も少なく、それらの成果の寄せ集めが全体像の発見を予測し盛り立て、未知なる事柄の所見につなげ将来へと導いてくれる、重要な役割を担っている。ただ、19世紀以降の経済活動の拡大意識は地球環境の安定均衡とは趣を異にして、現代につながる憂うべき現象が各地で多発するようになったことは、重大な反省材料でもある。

まず、資本家による会社形態の誕生と物づくりが活発になり、大量生産への道をひたすら邁進する体制を採用したことが、局面変転の大きな要因になったといえよう。当時は先進国であっても、生産技術レベルはまだまだ未熟だった。さらに未知な要因も重なって、公害をまき散らし、しかし対応は後手にまわり、世界中で急速に自然環境の破壊行為を推し進めてしまったのだ。

企業の大型化は独占的行動を容認し、公害の垂れ流しとも揶揄される事態が世界各地で見受けられるようになった。工場の排水は河川を汚染、魚介類や流域住民の健康を害し、被害が拡大してから社会問題化する流れは、今日でもそれほど改善されていない。企業の戦略手法とは、通常、分野別のトップに大手数社が介在し、その下に中小企業で構成するいわゆるピラミッド型に編成されてきた。そして、監督官庁と大手企業との癒着は、汚職や問題の所在を曖昧にしたまま企業利益を優先させる構図につながり、累積的に生態系の破壊を引き起こしてきたことは否めない。特に企業の利益第一主義指向の動きが、皮肉にも、自由競争社会を活性化させる要件になっていることは、不本意ながら認めざるを得ない。ただし、正常な姿ではない悲しさも捨てきれない。経済活動が人類の社会構造を活性化させる原動力であると前向きに解釈しても、地球環境との折り合いを維持する手立てが後回しになってしまった代償は、大きなものがある。仮に、企業が規模拡大や利益指向を抑制し、消費者は過剰な欲望を制限する、としても、自然環境が回復に向かい、双方がハッピーな気分に浸れるとは、安易に答えることはできない。

多くの野生動物の例でみてみると、テリトリー内の数が増えすぎ捕獲できる獲物を確保できなくなると、生育可能数まで自律的に淘汰され、命をつないでいく厳しさが維持されている。草食動物であれば、樹木や草木などの餌を確保できなくなると、同じ運命が待ち構えている。あるいは、ライオンやトラ、ハイエナなどの頂点に立つ動物の存在が、連鎖的に数の増減に影響するピラミッド型の形態を保つカギを握っている。この食物連鎖の均衡パターンが崩れると、森林や樹木と動植物の数が激変し、生態系もバランスを失うなど、循環的な負荷を負うことになってしまう。つまり、自然と、そこに生きる動植物との貸借関係のほうが秩序立っていて、自然環境は維持されているのである。

しかしそこに人手が加わると、この大事なサイクルは崩され、混乱が生じる。このことからも、自然・人・動植物間の循環的関係性こそ、今後の最大の課題であることは疑いのない事実である。

かつて、アメリカのイエローストーン国立公園周辺で頂点にいたオオカミは、１９２０年代に人為的理由で一掃されたが、その後、食物連鎖と森林などの植生が大きく乱れてしまった反省から、１９９０年代にオオカミをカナダから再移住させ、以前の環境に戻そうと計画されて、実際に戻りつつある事例が話題になっている。最近、同じような取り組みが世界各地で採用されるようになったのは、過去の環境破壊の反省から、生態系を回復させることの重要性に気づき、浸透し始めた歓迎すべき動静といえよう。

タンザニアのセレンゲティ国立公園は、世界最大の人工野生動物生息地として貴重な存在であり、よく知られている。広さは岩手県の1.5倍ほどあり世界的にも希少な存在として評価されているが、考えてみれば、人間が暴力的に占有している面積に比べれば貧弱で、狭いエリアの中に押し込められ監視されて自由度も低く、籠の鳥のような印象を受ける面も多々見られる。鳥のように空を自由に飛びまわることはできないものの、密猟者から命を脅かされるより多少はマシであることは、否定できない事実であるが。ちなみに、動植物占有の独立した島のなかでは、生態系と動物の数とが競争関係により均衡が保たれ、厳正な競争態勢が保持され厳しい環境が維持されるという。人間社会より厳しく自然の掟が守られているとは、人工では対処できないことを実践している事例であり、これこそ理想的パターンといえるだろう。

恐竜が滅亡してから人類が現われるまでの間は（頂点に立つ動物は存在していても、人のように道具を使って相手を滅亡に追いやることはなく）、そうした時代が長い間あったはずだ。しかし、ある時、人類という厄介者が忽然と現われ、強敵は自然災害、ライバルは内輪同士という井の中にあって、動植物をいじめ、環境を汚染し、勝手に振舞っている。残念なことに、この現実を非難してみても元に戻すことは不可能な話であり、最大限の改善策を実行に移すには、半ば強制的手段を採用するしか方法が見当たらない悲しさを露呈している。人の数が増えすぎてしまった悲劇なのか、人の欲望がそうさせているのか。それでも、非難ばかりしていても、事態が好転することは考えられないのだが。

命とは食料を得ることでつながっていく。食糧生産を担う農業者の役割は、新規参入者の増加やＩＴ農業への進展など、形態そのものがかなり変転しているにしても、自然農法や有機栽培の促進という本質的な重要性が、今後、大幅に変わることは簡単ではなさそうだ。その一方、その農業は工業生産形態の導入による大量生産方式に目覚め、トウモロコシやジャガイモ、小麦や大豆、嗜好品など広い分野に及び、拡散的で独占的生産が波及してきた。その農地の拡大が、結果的に森林の伐採につながり、動物のねぐらを奪い取るといった重大な自然環境破壊を招いてしまった反省を今後に生かさなければならない。

特に、生産量を倍増させるための容赦ない農薬の大量散布や、地下水の枯渇や汚染を引き起こし、健康被害を拡大させてしまつた責任は大きく、辛いものがある。農薬に侵された農産物を購入するしか選ぶ方法のない利用者は、出まわっている商品を受け入れ、充足する選択肢しか持たない現実から逃れられないジレンマを抱えている。いつでも自家栽培や路地物、もしくは有機栽培の農作物を購入できる恵まれた人は別にして、ほとんどのケースは、監督官庁の認可範囲に収まるものや大規模工場の生産物が、無言の圧力で市場に出まわっているのが現実の実態でもある。自由競争は、生き残ることが優先されるため、無責任社会の片棒を担ぐ仕組みを相互に容認するパターンと同じであり、しかも、恩恵を受けられない対象者が多いだけに誠に始末が悪い。

こうした事実を知ると、豊かな原野や森林に囲まれ清らかな空気にも恵まれ、流れる水も澄んでいてミネラル豊富である環境こそ、健康を維持するうえで欠かせない要件であることを改めて考えさせられる。また、食糧が確保できなかったら、命を繋ぐことは不可能であり、その食料の安全性に危険信号が頻繁に灯っている実態が明らかになるにつれ、自衛手段として自給自足の必要性を強く意識するようになるだろう。しかし、健康被害など自らの手で解決できる富裕層ならいざ知らず、地域単位の集団ルールに守られて生活している大多数の人々は、経済ルールの枠組みに依存するほうが効率的で最良の手段であるだけに、そこを支えるベースの部分に問題が発生すると、経済的社会的影響は極めて大きくなり、ゆとりをなくし、社会生活は不安定化する道をたどる怖さを捨てきれなくなる。日常生活の雑音に追われていると、購入し、口にする穀類や野菜などの農産物は殺虫剤まみれであり、果物も肉類も魚類も例外ではなく、その他多種類の添加物を加えた食品を購入し続けている現状が、脳裏に焼きついて離れない。

食物連鎖とエコロジーの健全化を念頭に描いてみても、大多数の人は、この厳しい現実から逃れる術を容易に見つけ出せないでいる。人が増え、その分需要が増大すると、供給側は短期間で低コストの生産手法を導入しないことには、競業先との競争にも敗れ消費者ニーズにも応じることができないとする一般的常識論が先行し、自然環境を守ることは置き去りされる傾向が一層強くなるばかりで、対策は周回遅れになるのが、お決まりの流れになっている。

長期的視点から見て、農薬まみれの商品に頼るしか方法がないとなると、健康被害が拡大するのは必然であり、高度な医療技術や知見が先行しても、医療行為で対処できるのは事後的作業となり、本来の健康体を取り戻す難しさを解決できない苦しさを解消できない。健全な生態系に守られ、自然に近い状態で育てられた食品による栄養を摂取する必要性よりも、人の手が加わり管理され与えられた環境を甘んじて受け入れ、妥協を余儀なくされる状況にある現代社会。このままでは、健康寿命の延長や自然の治癒力に期待し本来の健康体を追い求める動きを、大幅に後退させてしまう。そのバロメーターを適切に管理することこそ、生態系の均衡を取り戻す意思と実行力を示す物差しになるのではないだろうか。渡る世間は鬼ばかり、ではなく、明るい未来をたぐり寄せるためには、悪く考えるよりも、少しの無理があってもポジティブ思考が女神を引き寄せてくれる、望むべき方向性といえるだろう。

その他にも、エネルギー資源の開発、化石燃料の枯渇など人間の活動による生態系へのダメージは、目に余るものがある。こんな環境下で、前述のように食物連鎖の均衡パターンを追い求めるのは、とうてい無理な願いであることは明らかであり、一つのしわ寄せから次々と波及して混乱を拡大させるのが気がかりである。気がついてみたら、人による無理難題のゴリ押しがまかり通る独自のスタイルである経済社会が形成され、天井知らずの欲望の連鎖は止まることを知らないかのように、グローバリズムという地球規模の経済活動と利益追求欲望が途絶えることなく膨らみ続けてきた。そして、地球温暖化による想定外の天候異変の風圧が年々拡大する局面などと、否応なしに対峙せざるを得なくなっている現実がある。

欲しいものは何でも手に入ってしまうような状況は、まさに自己本位的で潤滑油が切れた歯車のように矛盾をはらみ、しゃにむに前に進むしか手段がなくなっている状態を、現実の状況は不愛想に皮肉を込めて体現している。国際的には、生態系の均衡に危機感を感じている勢力も、もちろん、あちこちに存在している。しかし、そんな勢力の声も経済原理の前には劣勢であり、最悪の事態に直面しないことには、改善意識も妥協点も脇に置かれてしまう実態を何としても転換させ、声を大にして送り届けなければならない。理屈はともかくとして、地球上の生態系が病んでいる実態は、これだけ情報手段が多彩な時代であれば、簡単にどこへでも送り届け、事態を共有することを容易にしてくれるはずである。20世紀は医療による生活向上であったとすれば、21世紀は環境保全による生活向上との主張も、ここまで述べてきた内容と、深く重なるものがあるように感じられてならない。

この先、人類が先端技術やＡＩなどを駆使して飛躍的に進化したとしても、生物である限り、生態系を乗り越えてまで独自の世界構築をめざすことなど、不可能であることに気づかされるだろう。そんなことよりも、前述したように、足元から現状を正しく認識すると、自然環境との調和の不可欠性をベースにした、自然農法や有機農法への回帰による栄養価の高い野菜や穀物などの栽培、家畜類の放牧型成育への見直し、魚類の養殖規模や環境の見直しなど、全体的な対策の必要性を回避することの被害に直面する場面がさらに増えることだろう。それでも資本主義社会であることと人口増により、需要と供給がマッチしないため、止むを得ない処置であるとの業者の反論が、馬の耳に念仏のごとく、あちこちから聞こえてくるだろう。しかし、生態系を維持し、より健康的な生き方を模索するためには、どこかの時点で方向転換しないことには、自然環境の循環サイクルや均衡点はさらに破壊され、取り返しのつかない事態を招くのは必至の状態であり、状況解決への道筋は容易には見えてこない。

だが、この先科学的進歩と自然との調和は、時代とともに高まることは必然的であり、それこそ、人類の明日のためにも、避けて通ることはできない筋道であることを疑う余地はない。生態系中心の経済社会の構築は本質的には自然への里帰りを意味しており、これからは科学技術の進歩を活用し、自然への回復と健全な循環型スタイルを取り戻すことを可能にしてくれる。その根幹となるのは、公的機関の貢献的で先駆的な取り組みと行動力、人心の健全性や抑制的なスタイルの育成など、多様な要件を巧みに組み合わすことであり、そうして初めて実現が可能になるだろう。自然へのポジティブな働きかけとそれを支援する先端技術の開発こそが、カギとなる動きであることへの期待が高まっている昨今の動静に大いに期待したいものだ。

もちろん、大枠は理解できても細部の現実論になると、たとえば、異なる生態系や地理的条件も国情も異なる国々と地域を一律的に統一化することの困難さや、これだけ膨張した頭数の人々をコントロールすることなど、異次元の話であり不可能に近い。また、強行することで、擬人化した人社会ではない本質的多様性と特殊性を削いでしまうようなことがあっては、本末転倒になってしまうことが危惧されるからでもある。

それでも、排他的で独善的行動を抑制せざるを得ない状況に直面している事態を顧みるためには、たとえ、希望的妥協点を探るだけに終始することも念頭に置きながら、あきらめない姿勢だけはどこまでも持続させたい。相当長い時間か、それとも意外に短い時間内に答えを迫られる事態に立ち会うことができるかもしれない。常に明確な利害関係がつきまとう人間社会だけに、足して2で割るような、曖昧な議論で妥協するスタンスから脱却するのは、至難の業であることも頭に入れておきたい。ただ、自己利益擁護論者の考え方は、前向きな生き方を実践しているのであって、共生論や悲観論には組したくないという思いなのかもしれない。しかし、一人一人の小さな行動や思いが重ねられると、大きな力と成果につながることは、何人も否定してはならない大事な要件ではないだろうか。

このエコロジー的観点は、新たなビジネスモデルを構築するうえで欠かせない視点であることは、以前にも増して、疑う余地のない重要な視点として心に刻んでおきたいものだ。エコロジーが健全でなかったら、生物の生命をサポートし合う食物連鎖の流れも頓挫してしまい、あらゆる活動の舞台の幕を開けることができなくなる。そんな確かなカギを握っている食物連鎖に関しては、農業と食のところでさらに取り上げたい。

生態系に関するビジネスモデルとは、人間が自然環境を素直に受け入れることにより、土壌や水、空気、そしてその他の動植物との関係がスムーズに回転を始め、健全な環境を取り戻すことができるようになることである。それがやがて、人の健康にも好影響をもたらすのは自然本来の姿への回帰でもあり、結果として、動植物にゆとりと心の豊かさを与えてくれる。また、ビジネスサイクルにおいても、循環型による相互補完関係が保たれている必然性を、忘れてはならない。

## 7．植生への敬意

遠くに高い山々が連なり、その手前に森林が広がり、そして草原が続くような景観は理想的な里山の姿であり、古くから人々に安らぎの気持ちを与え続けてきた。残念なことに、時代が進むにつれ、そうした風景に触れる機会が少なくなっているように感じられてならないが、それでも、地上に暮らす動物にとって、あるいは地中の生物にとっては、理想的環境で連鎖的サイクルを維持することができる、何にも代えがたい豊かな自然である。

日頃は、無意識的であっても、目に見えないところで共生作用が働き、自然環境が日々の生活を豊かなものにしてくれている。日々、恩恵を受けている樹木の存在と、その多様な役割を知れば知るほど、その一方で、見せかけの知識と実態を知らなすぎるのに、擬人化という言葉で優位表現する人間の軽薄さを思い知らされ、むしろ、心の内ではその偉大さに圧倒されているのが、正直な気持ちではないだろうか。特に日本の住宅は、風土的にも木造建築が多いだけに木材に対する愛着度は特に強いものがあり、時には、著名な仏閣にご神木が泰然と鎮座している姿が、他国ではあまり見られない象徴的な事例として補足することができる。そんな自然のありがたみと決して切ることのできない結びつきの強さにも感謝しつつ、植生について少し触れてみたい。

もし地球上に樹木が存在しなかったら、その他の地上生物は生まれなかっただろうといわれている。その理由とは、地上が低酸素で二酸化炭素中心の世界であった時代から、ある時、幸運にも樹木が「光合成することで酸素」を供給できる時代が訪れ、その変化に伴い、海中生物の一部が地上に這い上がり、陸上生活を始めたことにより地上生物が誕生したとの説が、現時点では有力とされている。つまり、樹木がその先導役を担った恩人とされているのだ。当時も現在も両生類が生息しており、その一部が陸地に移動したとするシナリオと考えられている。

また、歴史をたどれば、樹木も人も元々の祖先は同じであったことは、同じ細胞から生まれていることの証として理解されている。だからこそ、植物の祖先は、実は動物だったとも推測できるのだろう。鳥類の祖先は恐竜だったたとなると、進化のための環境変化と意外性、生への強い執念を思い知らされる。ともかく、樹木が生まれてから、何億年も遅れて誕生してきた人類は、幸運にもこの世に現われることができた若輩なのだから、偉大な大先輩には、敬意を表わさなければならない。その理由は、単に言葉だけで言い尽くせない深い因縁と、日頃から身近に接していて切り離すことのできない大事な存在だからであろう。もちろん、その後の生命維持に欠かせない酸素の供給源でもあり、また低酸素時代にでもなれば、人類の存続も怪しくなることを忘れてはならない。

理由づけはともかく、樹木と動物との相違点は、動くか動かないかという生き方の選択の違いに過ぎず、両者とも同様に細胞が生命を支えている点で変わりはない（栄養を得るために光合成するか、他の命を食すかの違い)。人間は、動ける生き方を獲得した。そしてやがて、それまで平穏であった樹木の世界にまで勝手に入り込み、原野や森林を丸裸にして動物を追い払い、大木をなぎ倒すなど迷惑千万な行為を繰り返し、自然環境に深刻な打撃を与え混乱させてきた行為など、取り返しのつかないほどの大きな過ちを犯してしまったのだ。もちろん、人間の遠い祖先が、食糧を確保するため原野を切り開いてきた長い間の行為が、そもそもの始まりとされている。

その延長線上に、今では言い古されている地球温暖化、大気汚染や気候変動、土壌の荒廃と地下水の枯渇などさまざまな形による異常現象の頻発が、連鎖的現象となって被害を拡大し続けている。さすがの超大国アメリカであっても、国土の広さゆえのハリケーンや山林火災の被害は甚大であり、自然現象には手の打ちようがなく、早めの警戒情報を発信するのが精一杯といえよう。

それにしても、すべての樹木が、漠然と意思もなく毎日を過ごしているとは考えられない。専門家が見れば、周囲の樹木や他の植生が訴えてくる内容がそれとなく分かるのではないだろうか。樹木は知能を持っていると聞かされると、信じられない気持ちと、もしかしたら本当ではないかという興味とが交錯する。以前、気功を研究していたある大家が、樹木に気を伝えると葉が揺れて反応する、という記事を読んだ記憶があり、興味本位に説明通りに試してみたところ、わずかながら葉が揺れた感じがしたのは気のせいだっただろうか。たぶん、人それぞれの気持ちの持ちようで、感じ方や受け止め方に差が出るようにも解釈できる。何事も一生懸命取り組むと、不可能と思われることでも、それなりの答えが返ってくることは充分あり得るから、樹木も同じ生物であるだけに、全面的否定はできないのではないか。また、樹木同士で何らかのコミュニケーションをしている現象は、植物の専門家が指摘しているように、大いに可能性があると受け止めるのが現実的であり正解のようだ。

その要因の1つは、木の持つ芳香物質であり、もう1つは、電気信号のようなものがあるようだ。電気信号のような、というその状態は、地中の菌類がインターネットの光ファイバーのような役割を担い、細かい菌糸が地中を走り、木から木へと情報が送られる仕組みだという（『樹木たちの知られざる生活』ペーター・ヴォールレーベン著・長谷川圭訳・早川書房）。いまや、菌類の役割が、想像以上に多様で複雑であることが明らかにされているが、さらなる解明を目指して実証的研究が進行しており、新たな事実の発見が待ち遠しく感じられる。また、土壌と細菌、光や樹木と水との相互関係が、豊かな地下活動の原動力になり、多様な生物の生命を支えている実態が明らかになるにつれ、自然環境全体に及ぼす影響の大切さと、それ以上に、菌類と親密な相互関係を構築している深い意味合いを樹木から学び取ることができる。

樹木に知能があるのではないかという説があるが、それは、土の中で樹木同士が根と根でつながり、コミュニティーを形成していることから判断しているようだ。もちろん、同種類の樹木によるつながりであり、隣の別の種類の樹木とはつながることはない。つながることにより、栄養を分け与えたりメッセージを送ったりして、助け合っているという。また、同じ種類の樹木が集まることで、暑さや寒さ、それに風を避けたりし、仲間が病弱になったり枯れてしまうダメージを少なくする。まさに、樹木も、人が集落を形成し力を合わせて生活を守り外敵を防ぎ、生き残ることを優先させる行動とまったく同じことをやっているのだ。

地中の根はその重要な役割を担い、次の世代の若木が育つまで栄養を送り、世代間をつなぐことに力を注いでいる。なんという美しい姿であろう。葉は光合成をして酸素を生み出し、根は栄養分を吸収して幹を通して樹木全体に運ぶ。根を張り仲間とつながり、保水し、何億年も森林を守る原動力になってきた。さらに、樹木には記憶力があり、季節を知っていて発芽し花を咲かせる時期を心得ている。そうでないと、寒い季節や乾燥する季節を乗り切り生きていけなくなる。あるいは、害虫から身を守る術も心得ている。こんな貴重な森、その森に人間による開拓の手が入ったことで生態系が乱され、もとの自然林の姿に戻すには、少なくとも五百年もの歳月が必要だと指摘されているだけに、安易に聞き流すことなど許されそうにない。

地球温暖化の波は生態系、動植物の移動も促すだけに、それに伴う新たな環境変化も考えておかねばならないことになる。樹木の生態を知ることで、自然の営みは実に繊細かつ複雑であることがいっそう明確になってきた。当然、動かない生物である樹木のほうが、移動ができる動物よりも、与えられた環境をいかにして生き抜くかは切実な課題である。この切実なテーマを解決し生き残るには、ち密な計算と横の連携としての共生関係が動物以上に必要であることを教えてくれている。

また、樹木やその他植生について、あまりにも無知であったことを知るにつけ、恥ずかしさが増してくる。その一方で、生き残り戦略や大小の樹木との関係性など、人間社会のビジネス活動に類似した活動形態の諸相が日常的に繰り返されていることを知り、さらに驚かされ、人との違いは、視覚機能や移動しないことの違いだけではないかとさえ思えてくる。元をたどれば、出自も同じなのだから何ら不思議ではないのだけれど。

ところで、近くに流れている人工上水道の土手を、秋も深まったころウォーキングしていると、数十本のブナの大木から風に吹かれて、落ち葉がカサカサとふれあう音を立て、一斉に舞い落ちてくる。またたく間に、たくさんの落ち葉で地面が覆い隠されてしまい、歩くたびに今度はガサガサと音を立てる。落葉樹の年中行事でもある見事な振る舞いは、表現の方法もないほど感動的で、あたかも、落ち葉への挽歌にも思えてくる。しかも、春の息吹に備え衣替えの準備に入るとは、樹木も洒落たことをするものだ。それに引き換え、人間社会では、自由に判断できるのに、いつまでも居座り、後継者を指名できないリーダーもいる。その胸中を推し量る難しさは、動くことのできる人間のなせる業だから仕方のないことなのだろうか。釈然としない虚しさは消え去ることはない。

ところで、環境汚染を危惧する自然農法支持派の人たちは、以前よりも有機農法の必要性を強く訴え、ハウス栽培やビルの地下栽培野菜など、季節感も乏しく味も風味も失っている農産物や果物への失望感から、有機農業への郷愁感を強く抱き続けているという。同じく、養殖の漁業に対する有機漁業という視点も当然ありそうなものだが、耳にしたことはない。そこに、「有機林業」の考え方があることに驚かされる。有機にすべき理由とは、樹木には社会的な生活を営み、健全な土壌と気候の中で育ち、自分たちの知恵と知識を次の世代に譲り渡す権利があるからだと説く。また、あらゆる年齢と大きさの木を組み合わせて営林し、幼木が親木の下で成長できる環境をつくることが大切だと主張しており、これは、樹木に対する愛情表現であることが感じ取れる。

先に引用させていただいた『樹木たちの知られざる生活』から、樹木に関する多くの知的刺激を受けた。森林の実態を熟知している専門家による、実例に基づく実践的な指摘と語り口は、化学記号を使用して大上段に説明する書物が多いなかで、具体的な課題を指摘しており、説得力がある。ドイツでベストセラーになったのも頷ける。森林や草木など多岐にわたり愛情と親しみを込めた、目からうろこ的内容の書籍であり、素人でも理解を深められる良著といえよう。生態系を守ることの重要性と自然林の大切さ、それが地球環境を汚染しない重要な要件であることを、ていねいに巧みに取り上げ、解説している。

住みかにしている小さな庭の植栽も、下手に剪定をするとそこから腐り始める経験を何度か体験してきた。最近のケースでは、梨の木の枝切りをしたのが原因で、そこから菌が入り込んだのか、樹皮が部分的にはがれ始め、すると木の勢いが次第に失われ、やがて、季節ごとに現われる小さな蟻が巣をつくり、たくさんの蟻が割れ目から出入りして、内部から細かくちぎり取った木片を運び出すようになってしまった。こうなると、もはや致命傷であり、内部が空洞にされているのは、素人目でも明らかであり、また、葉に毛虫が取りつくのも、木から出されるフェロモンや毒気を出す元気も失ってしまったからだろう。

知らないことは恐ろしいもので、なぜ元気がなくなり実もつけないのか、木自体に問題があるとばかり勝手に解釈していた、無知な自分が情けなくなる。また、孤独な梨の木には援軍もなく孤立無援であったことを、遅まきながら学ぶことができた。もう助かる見込みのない樹木に対する愛情不足と認識不足に、反省しきりである。何回も同じ過ちを繰り返してきた、個人の浅薄な知識では理解しきれない複雑な世界に、ほんのわずかではあるが、入ることができたかなと勝手に感じたりしている。

樹木の地中での働きは肉眼でとらえることができないため、地上の動きが見える現象にどうしても関心が集中しがちなのは仕方のないことだが、ここで忘れてはならないのは、根が活動の舞台にしている地中での働きを知ることの大切さを語らずして、樹木や植生を理解することはできないということだ。ましてや、もしも土が存在しなかったらほとんどの樹木は成長できず、岩場になるとその存在すら怪しくなってくる。

ふと考えてみると、地球上の資源は人類のためのものではなく、正しくは「万物共通の資源」でなければならない。しかし、人間だけが独占的に勝手に使い尽くそうとする行為が地球上のあらゆる場面で繰り返されており、そこから資源活用の不均衡が生じてしまい、ひいては、生物全体の生活環境を揺るがす事態にまで影響が拡大してきている。そんな横暴を許してはならないと反対する声がたびたび俎上にあがり、生態系の回復を取り戻そうとする動きとして報じられてきた。資源の不均衡さを引き起こしたわれわれ人類に対する反省と自然環境からの反発が垣間見える思いがする。

そして現在、樹木の生命線でもある地中活動をサポートする重要な役割を担い、宇宙から地球上のあらゆるところに存在し、生命活動をコントロールしている微生物による世界が、大いに注目されている。微生物の存在なくして、生物の生命活動を語ることはできないと明らかになったことに、重要な意味を感じ取ることができるからである。近年、この分野の研究も急速に進展し、ネットワーク的循環性や補完性などの認識が新たに付加されているという。たとえば、微生物は植物に必要な栄養素を岩から引き出し、炭素と窒素が地球を循環して、生命の車輪を回す触媒となり、文字通り世界を動かしている。あるいは、植物と土の中の微生物は、生物学的な取引制度を営んでいて、それが植物の防衛機構として機能し、おかげで人間の健康に欠かせない、栄養たっぷりの植物性食品を収穫できる。こうした説は、生態系の循環サイクルにより、人間にも欠かせない効用をもたらしてくれている点で、認識を新たにさせられた思いがしてならない。

微生物が植物と人間の健康維持に果たす共通の役割を、ヒトマイクロバイオームと表現している。ひとつかみの森の土中には地球上の人間よりもたくさんの命が含まれているというから、その数は圧倒的存在であり、この世は微生物で成り立っていることは明らかである。ますます人間の存在が小さくなり、隅のほうに追いやられてしまうのは致し方ないであろう。微生物により生かされているのに、普段はまず目にすることがないのだから、厳密に表現すれば、抵抗する手段など見当たるはずもない。そして、科学技術が進歩すればするほど、支えられている実態が明らかになってくる。誇り高き人類は、万物の長気取りで、肩ひじを張って元気らしく見せつけ、食べ物はなんとか確保してきたのだから、微生物に媚びなくても、生きる場を確保することはできるだろう、と高をくくる過ちを犯してきた。

寄り道はこれくらいにして本題に戻ろう。草木にとって幹の部分と葉の役割はもちろん重要であるが、それ以上に、地中に張り巡らされている根の働きによって水分と栄養分を吸い上げて生命を維持している役割を見落とすことなど、とうてい許されるものではない。大木の中には数千年以上も生き続けている例もあるのだから、比較すること自体あまり意味をなさないことも確かな事実である（植物の食べ物は、岩、土壌、有機物、空気、水だという）。しかも、伐採されると根は枯れてしまうのかと思いきや、地中の根がまわりの成木の根とつながり栄養補給を受けているため、数百年も命を保持している事例があるという。一方、日本人の優しい心に育まれてきた日本古来の文化と芸術でもある盆栽はどうであろうか。完成のない「生きた芸術」とも呼ばれ、あの小さな空間で２００年以上も生き続けている姿に直面にしたとき、人工植栽である美に驚嘆するのか、土俵の狭さに同情的になるのか、受け止め方は好みにより人それぞれだろう。

２００万年も前のメタセコイアの巨株化石が、東京・八王子で発掘され、昭和天皇記念館（立川市）に展示されている。当時は、国内にもメタセコイアの森があったことに驚かされた。実物は、石炭になる寸前の状態のようにも感じられるが、火山の爆発で生き埋めになったものだそうだ。それが化石となっていまの世に現われ、現代人にメッセージを送り届けるという、この空間のささやかなタイムスリップも実に興味深いものがある。それにしても、樹木同士の共生関係は、私たちが考えている以上に協力的な関係を維持しているることを知る、最適な事例といえよう。ビジネスの関係もそうであってほしい。

そこに、さらに強い味方でもある微生物、菌類の助けが加わり、ときには敵になるケースがあるにしても、協力してコミュニティーを形成しているとなると、動物の世界とあまり変わらないことに、いっそう興味が湧いてくる。おしべ、めしべの構成や受精の工夫により近親婚にならないようになっていることや、親木の寿命が尽きるまで、何十年も親木の下で子木がじっと耐えている姿などを見るにつけ、人間のようにしゃべることはできなくても、秩序を守り、子孫の持続にも細心の注意を払っていることに自然秩序の素晴らしさを感じざるを得ない。

そして、その基本は地中における根や細菌を中心にした働き方に最重要の任務が課せられていることが、改めて浮き彫りにされる。地中における緻密な関係構築や自然環境と静かに対峙する姿勢を知るにつけ、動的であることが最大の長所と思い込んできた人間の姿が、むしろ遠ざかりぼやけ、消沈した小さな存在に思えてしまう。まるで立場が逆転するかのようだ。しかも、地中に内蔵されている脅威は、果てしなくどこまでも広がり続け、静かに強大な領域を悠然と守り、それこそ、ときに見えぬ敵でもあり、また救いの神でもある。だからこそ、絶え間なく粛々とネットワークを通じて生命の神秘性が維持され、周辺の自然環境をさりげなくサポートし、調和を保持することを可能にしている。樹木に対する認識を新たにし、何とも偉大で愛する存在であると言い換え、敬意を表したい。

ビジネスモデルへの応用として考えられることは、樹木の持つ意外な能力やコミュニケーション能力、そして、ネットワークの力と共存への連携関係など多岐にわたる。競争ばかり先行するビジネスの現場にも通用する、これらのパターンは大いに参考になる。自然を支える樹木の素晴らしさには、ひたすら脱帽するばかりとである。動かなくても、これだけの役割を担うことができるのだから、人も、もっと落ち着いて活動できる方向を探すことは、十分可能なはずである。

## 8. 農業と食のバランス

ヒトはそもそも草食動物だったのか、あるいは肉食だったのだろうか。それとも、どちらでもなく、進化の過程で変化してきたのか、生き残りをかけ、まわりの食糧事情に適応するため、やむを得ず両刀使いになったのだろうか。

一般的に、欧米人は肉食型であり、日本人などは草食型に近いといわれてきたが、このところ、食の混合化は確実に浸透し、そんな線引きも次第に怪しくなっている。たとえば、砂漠に生きる生物と北極圏に生きる生物との違いは、歴然とした区分けができるように、地殻変動や住む環境に適応し、生き残るために必要な食料を確保するため競争相手を避けて順次進化してきた。そんな物語が生物にはつきものの題材になっていることから、適宜判断するしか答えは見つけられない。2億年以上も繁栄したあの恐竜でさえ、植物の進化に追いつけず消えていったとする説もある。また、哺乳類であるクジラは、住む拠点を陸上から海に戻したといわれているが、あの大きな体を支えているのはアミやプランクトンのような小魚である理由につながるらしい。

基本的には、食の好みは個人的嗜好に左右されるものであり、近年の日本人は、欧米化が進み肉食が増えていることから推測しても、食に対する考え方も時代とともに変化と多様化を促し、各種の食文化に影響され境界線がなくなるのは、自然な方向性とも考えられる。そこにニーズを喚起させるアイデアが生まれ、次なる累積効果を生み出し、融合し、新たな局面が創出されるサイクルへと進化していく。

いずれにしても、生命をつなぐエネルギーの素になるのは、いうまでもなく食物であり、その供給体制をキチンと整備し継続的に確保できないことには、人々は、健康で安心できる日常生活を送ることも、ましてや、長生きすることもできない。これこそ、万人共通の、普遍的な生活サイクルである。また、健康を害することは、社会的生産性の上昇を妨げ、ひいては国力の低下にもなりかねない。同時に、医療費の増加を招くなどマイナス要因しか生み出さない。このように、まず食に対する日常的懸念を解決することができれば、明るい未来が約束され、人々に安心感を与え、明日への希望が膨らむのは間違いない。

ところが、貧しい国々が貧困状態から抜け出す方策となると立ちふさがる壁は高く、特に、経済活動が貧弱で所得も少なく、そこに食糧や水不足などが加わり、尊い幼い命がないがしろにされている現実もある。人類がこれだけの歳月をたどって生きてきたにもかかわらず、改善されることなく、むしろ非情で悪化方向へと逆作用が働いている状況はむなしさと複雑さ、そして難しさを象徴しているといえるだろう。

もちろん、悪いことばかりではなく、この激動の時代を体験してきた反省点として、人々の食に関する意識と、生産者である農業従事者による自然農法への意識転換も見受けられ、各地で実践的取り組みが推進されているのは歓迎すべき動向である。だが注意しなければならないのは、問題を複雑にしている原因として、農業経営自体が生産性向上のため、大規模化を志向し、工場生産方式のビジネスパターンに事業転換するなど、利益追求を強化する方向を追い求め始めている傾向があることで、それが少なからず心配になる。

寡占化による事業の優位性を確保し、生産物の支配と利益拡大の優先意識が世界的に展開されているため、農薬の使用や土壌の疲弊化と表土の流失、地下水の汚染や枯渇化を加速化させるなど、被害を広げてしまったこと。その連鎖は、安くて質の高い食品への期待を裏切る流れにつながり、優先しなければならない食の重みよりも工業製品的生産物としての扱いに意識が転換してしまった。ビジネスマインド先行による競争路線の波及には、本来的使命の逸脱と生き残りをかけた悲壮感がいみじくもにじみ出ている。少し読み違えると、豊かな国土で大規模生産が当たり前の国の考え方に惑わされ、消費者尊重の生産意識を置き去りにする危険性と同居する事態は由々しき事である。目先論が先行する現状を慎重に見極め、独自な姿勢を守り抜いてほしいものである。もちろん、現状の閉鎖的意識の打破こそ、貴重であり持続的な方向性であることを、強調しておきたい。

それにしても、食を守り、聖域と思われていた農業分野まで、世界的な資本主義思想が波及した結果、農産物全般にわたり量的生産という工場製品思想が浸透してしまったことが今日の混乱の引き金になっているのは、大変残念でもある。それ以前から、農産物の生産を拡大するため原野の開拓や樹木の伐採により、山野を荒廃させ動物を生息場所から追い払い、人にだけ都合のよい意識と行動の下に占拠し、欲するままに生産拡大を優先させてきた。それまでの自然農法による食品の優位性と生産者のプライドには目もくれず、ひたすら数量を確保する道を歩む誤りを犯してしまった罪は、極めて重いものがある。

その先導役は言うまでもなく、資本主義の盟主でもあるアメリカであり、大量生産方式生みの親でもある大国だからこそなせる業、ともいえるだろう。その伝染的影響力は地球規模で拡大し、人類共通の貴重な財産でもあるアマゾンの原野が切り開かれるなど、企業活動被害や公害などと相まって、紫外線による健康被害の増加等々の影響拡大に、国際的非難の声が広がり、各種の警鐘が打ち鳴らされ続けている。

もちろん、生物にとって食料の確保は至上命題であり、そこに人口増加と欲望とがダブルパンチとなり、さらに農業保護と利益追求の後ろ盾に踊らされて、わき見もふらずに競争路線を突っ走り続けてきた。その流れが時代の潮流となり、生産者団体や為政者に一方的に押し切られ、大方の合意が形成され、消費者もその強引さに表向きは不本意ながら形式的妥協はしてきたものの、さすがに、昨今は事態の深刻さに疑念の声が大きくなっているのは、国際間の取引関連も含め、当然の流れと考えられる。

この動向は、近年に始まったものではない。近世以降、森林の伐採が続いてきたヨーロッパの多くの地域では、荒廃した状態から現代の森林への復元がすすめられてきたが、それは人工植林により蘇生したものである。しかし、本来の原生林の姿に戻すには、数百年の歳月が必要だといわれている。破壊した森を取り戻す作業が容易ではないことを深く認識し、その困難さを共有する必要性が感じられる。そんな試行錯誤を体験して、近年、往時のような自然栽培による有機野菜や果物に対する栄養価と安全面へのニーズなどが、健康意識の重要性とともに見直され、それらの動きに呼応する勢力が増加しているのは喜ばしい傾向といえよう。

しかし、化学肥料に頼らず自家製の肥料づくりに追われるなど、自然栽培を実現するための転換方法や荒らされた農地の回復、コスト回収問題などを含め改善しなければならない課題がいくつも指摘されている。大規模農業者としては、農業用機械による大量生産一辺倒の姿勢が引き起こした土地の荒廃など、生態系に逆らうかのような生産形式の見直しこそ、避けて通れない難しい課題である。けれど、今後の動向に熱視線が集まるのは、当然の成り行きでもある。生態系サイクルを守り、健康増進に必要な有機野菜の供給に取り組んでいる生産者に拍手を送り、こんな動きが早急に広がることを願わずにいられない。これを好機ととらえ、人体に有効な有機栽培野菜であらゆる疾病を減らし、自然環境による健康体を取り戻し明るい社会づくりをめざしたいものだ。

前述のように、この問題は樹木の成長と土壌による根の働き、そしてそれを支える微生物の働きと菌類のネットワーク、結果として健康問題と医療への連鎖的好影響の輪がリンクしているだけに、看過できない重要課題として、一刻も早く取り組む必要性があることを、より一層強く認識する局面が到来していると理解することができる。

ただ、忘れてならないのは、海外の農業大国を中心にした大規模農業の現状は生産期間の短縮と大量生産でコスト削減する手法であり、工場式生産理念と変わっていない。牛や鶏、豚などの養育は大規模生産基地に集約し、自然飼育法とは比較にならない狭くて身動きもできない飼育場で、肉骨粉や課題の多い穀物中心の飼料を無理やりに与えられ（その様子はまるで虐待である）、短期間で育成され商品になって市場に送り出される悲しき運命のサイクルが待ち受けている。養殖の魚も例外でなく、狭い養殖所のため海洋汚染やその分ストレスも高い上に、配合飼料など脂分の多い餌が与えられ、養育時間も大きさもコントロールされ、外面的商品価値しか評価対象にされず、牛や豚と同じような環境下におかれ育成されている。

世界的な乱獲と人口増加と健康志向などの狭間で、人間の欲望に揺り動かされ、有無を言わせず養育されている現状は、実質よりも表面的な抜け道ばかりが目立ってしまう。国内で生産されている大事な野菜類や果物も、ハウス栽培などによる、見かけはよくても栄養価も季節感も味も不満足な品物が多く、がっかりさせられることが多い。ビジネスマインドに踊らされ、自然本来の味が忘れられてしまう状況も発展と呼ぶのだろうか。それでも多くの消費者は、不信感を持ちながらでも、購入を拒否することができない現状に踊らされている。これが商業主義優先の、淋しい現実でもある。グローバル化による輸入品も、同じ流れで提供されるため実態は変わらず、その日の生活のために仕方なく購入しているのが、多くの消費者の正直な姿ではないだろうか。自分だけは、災難から密かに逃れられるよう、心に念じている人も多いことだろう。

また、企業の戦略はしたたかだから、味付けする調味料などで注意をそらしながら舌を麻痺させる戦術と活発な宣伝活動を展開し、健康など二の次にしてあの手この手で売り込んでくる。このように、地球規模での環境悪化を改善し、健康を害するような多数の商品の見直しなど、どう考えても容易でないことは、監督官庁をはじめ外部から口を挟むことのできない現実として認識しているはずなのに、規制内容を優先させる手法は相変わらずであり、改良は遅々として進まない。

毎日の食に関わる切実な問題であるのに、汚染されてしまった既成事実の大波を乗り超え改善することの大変さは至難の業であることが、さまざまな形で赤裸々に浮き彫りにされている。しかし、この先、医療技術がいくら高度化されても、食物による体内環境を変えない限り、健康に関する課題を根本から解決できないことは、徐々に人々の自覚のなかに植えつけられ、定着し始めている。遠い将来、人間がロボットに制圧される時代にでもなれば別問題であるけれど、残念ながら、人が人である限り人工知能がいくら進化したところで、夢物語に終わるのかどうかは、今後の推移次第である。

人間の寿命を平均寿命という単純な統計数字で比較すれば、現代は江戸時代よりも数十年以上長生きできるようになった。だからそんなに悲観することはないと、楽観主義者から批判の答えが返ってきそうだ。しかし考えてみたら、いまよりも医療が未発達な時代に出産、子育てをし、生きてきた時代と比べること自体、無意味な話だとしても、当時の食べ物は露地栽培の自然のチカラで育った収穫物である。むしろ、健康的で栄養豊富な食べ物を口にしていたと考えることができる。

現代は化学作用と医療技術を活用して、人工的に健康を維持し寿命を延ばしてきた。そんな捉え方もあながち間違いとは言い切れないものがある。少しぐらい農薬に汚染され、飼育環境が劣悪な食品を口にして健康を害したとしても、抗生剤等の医薬品を飲めば解決してくれる。自己治癒力よりも各種の薬を多用する、いわゆる、他者管理による健康維持が優先されている。現代はそんな環境にどっぷりつかり、高い科学技術の重力にけん引されて総合力を高め、人間社会は無理やり運営されている感じがしてしまう。

話が横道にそれてしまったが、街の食品売り場に並べられている商品には、「有機栽培」「無添加」「遺伝子組み換えでない」と謳われている食品も多い。しかし、あまりにも、右にならえ式に多用されすぎて、信ぴょう性に疑問を感じている人もいるのではないかと思う。あるいは、京都産野菜と聞くと、長い歴史文化と京都料理に代表される食のリーダーとして、細心の配慮が行き届いているだろうと安心感が先行し、当然のことのように信用させられてしまう。しかも、すべて優先的に京都産の有機野菜が使われていると受け止めがちだが、それにしては、常時、市民と市外の人々までの胃袋を満たすほど収穫量があるとは思えない。だが、潜在的に、伝統的に有機野菜優先の安全思想が浸透しているのは積み上げられてきた財産なのだから、言わずもがな、ではないだろうか。負け惜しみになるけれど、京都1000年の歴史はそんなところにも根づいているのだと、疑うことなく認めたくなる。そんな信頼感にも実態が伴っていなければ、誰にも信用されなくなるのが早いことを頭に入れておきたい。ただ、歴史の積み上げがあまりに完璧すぎて隙がなさすぎると、受け手がフラストレーションを感じて、かえってマイナス点になることもある。また、鼻につくほど過剰気味なプライドには、そこはかとなく、嫌味がにじみ出てしまうだけに、どこまでも謙虚であり続けてほしいものだ。

有機的農業の必要性は、生物が地球に生存し続けるためには、必須の条件ととらえることができる。自然の土壌で育てられた森林やその他植生があり、水の媒介と微生物や菌類の献身的協力関係によるネットワークの力が加わると、栄養分豊かな農産物が収穫できること請け合いである。そこには有機的土壌が醸し出す、かけがえのないプラス効果を、人工生産品と比較して、違いがあることを見落とすことはできない。

人工的にコントロールされ、農薬と化学肥料にまみれた土壌から収穫された農産物や果物は、多くの消費者に安心して受け入れられているのだろうか。あるいは、大切な鮮度やミネラルなどの栄養価に問題はないのか、自問自答してみたい。先進国の中で農産物の自給率最低（日本独特のカロリーベース計算）といわれている日本の現実は、不衛生な環境で育てられた海外生産の肉類や野菜に果物を、嫌でも購入しなければならないマイナス点から抜け出せないことも、考慮に入れておかなければならない。

日々の暮らしとその商品の数の多さゆえに消費者は麻痺してしまい、無防備になっていることも考えられるが、それでは、生命維持の一番大事な要素である食料を可能な限り身近で収穫し、安心して料理し食事することの重要性を否定することにもなり兼ねない。サプリメントがそこを補ってくれると考えるのは幻想であり、特に野菜類は自然栽培ものを主体にした地産地消の原則を忘れると、なし崩し的に選別意欲をなくしてしまう。

もちろん、コンピュータ管理による生産方式や地域密着の共同経営方式による有機野菜の供給が増えるなど、以前よりも選択できる範囲が広がっていることも確かな歩みといえよう。これまで以上に、経営効率を高め、適切な利益も確保できる農業経営の柱となり、環境への貢献と健康志向を重視した農産物の提供に心を砕いてほしいとの願いが消えることはない。これからの農業には、生きるために欠くことのできない食の重要性を認識し、率先して消費者の信頼役を担ってほしいと願わずにはいられない。

近年、英国にあるＮＰＯ海洋管理協議会（ＭＳＣ・１９９７年設立）による、水産資源の保護を狙った国際認証制度（海のエコラベル）が注目を集めている。過剰な漁獲をせず、生態系の多様性と構造を維持して漁業することをめざしているという。この動きが普及するチャンスが巡ってきているといえよう。

さて、微生物が、土壌の健康と人間の健康の両方に欠かせない、きわめて重要な役割を担っていることが明らかになった今、私たちは微生物を見る目を変える必要があるだろう。微生物の不思議な世界が土壌を肥沃にし、食べ物を栄養豊富にしてくれる推進役であることに感謝する気持ちが強くなった。

デイビッド・モントゴメリーは著書『土と内臓』のなかで次のように述べている。《現代の農業と医療の中心にある慣行は多くが完全に道を誤っている。私たちは、植物と人間の健康を下支えする微生物群衆とどう戦うのかではなく、どう協力するかを知る必要がある。そして農地の土壌を肥沃に保つには、有機物を与えて土壌生物を繁殖させることだ》。自身の生活体験も含め成果を残した実態の報告であるだけに、実に啓蒙的で説得力があり、ぶれない考え方と実行力には敬服に値するものがある。

ここ100年ほどの間に、農薬を散布し、土壌を荒らし、自然のサイクルさえ狂わしてしまったのは人間の行為によるのだから、これを理想的姿に戻す作業も人間だから可能という論理も、また説得力がある。もちろん、農業生産の近代化もAI化の波に乗り、GPSを活用するなど、センサーによる地中の状態把握やドローンの利用など、新たな取り組みが着々と進められている。しかし、大事なことは自然環境と土壌を健康にすることで、栄養価の高い農産物を供給できる方向に舵を切ることの大切さを自覚し、実行する時が到来している。疲弊化させてしまった山林や農地を、微生物の力を借りて、有機物による土壌の肥沃化に転じさせる遠大なプロジェクトを速やかに推進する。そうすることで山野の健康状態が回復すれば、人間が、自然からの栄養をたっぷり蓄えた食べ物を摂取できることにつながる。それが結果的に、自律的意識を高め健康状態を取り戻し、医療に依存しすぎる現状認識を転換させることで、自然との環境サイクルも自ずと好転することになると期待する。そんな筋書きを実現するために、自然との融合性の確認と小さな細菌の力を再認識し、共生する道を探し続ける指針にしたいものだ。これを地球規模でダイナミックに展開するのは並大抵のことではないが、人類が他の生物と共生し進化していくための限界点なのだと理解することができれば、可能性を見つけ出す筋道は自ずと開かれることだろう。

ここでのビジネスモデルとは、農業が人の健康維持に欠かせない役割を担っているということがベースになる。自然との調和に向け最大限の努力を傾注することこそ、人類の責務といえるだろう。土壌と農業と微生物の相互関係から学ぶべき点が多いのには、いまさらながら驚かされるばかりである。

# パートⅡ
# 揺れ動くビジネスモデル

## 1．ビジネスモデルとは

この地球上で一番大きな生き物は、アメリカ・オレゴン州にある重さ600トン、推定年齢2400歳のキノコだというから、驚きを通り越し、その意外さ、異様さにあぜんとさせられる。ただし、キノコ単独の大きさではなく、その地域に群生しているものを集めたものなので、キノコ村と補足するのが正しいらしい。それにしても、地球の雄大さと神秘さ、そして予想すらしない生命の出現など、世界には奇想天外なことがいろいろあるものだとあらためて知ることは本当に楽しい。大きなものや奇怪なものに好奇心を抱き、あまり知られていないことを知ることで得意になり、親しい人に自慢してみたいと考えている節も感じられる。特に、あまり目にすることができない地中や海中には、もっと意外な生物が存在しているかもしれないと、そわそわした気分にさせてくれる。

それにしても、ヒトの世界は、明けても暮れても競争や紛争に追われているのに、植生や新鮮な野菜に果物、そして土壌の中や海中の世界なども、想像以上に豊かで、夢や希望が充満しているようでワクワクさせられる。他人が着ている洋服がよく見えてしまう心理状態と同じような感覚だろうか。

その豊かさを思うとき、これらを取り巻く循環環境が欠落してしまったら、特に陸上動物の存在は危うくなり、微生物だけが生存する不気味な世界に変り果ててしまう危険性がある。それが現実になると、人は目の前が真っ暗になり、慌てふためいて嘆くだろう。しかし、この世に存在するものすべてに意味があり、人間中心の世界ではないのは明らかであり、たとえば地球のまわりの夜空にきらきらと輝く無数の星たちにも、存在理由とプロセスがあるように、そうした事態も冷静に受け止める以外、名案は浮かんでこない。そのほうが前向きな受け止め方であり、今後の健全な意識形成にも役立つこと、請け合いだ。

さて、本書パートⅠにおいて、樹木が健全なコミュニティをつくっていることがわかった。それならば私たち人間は、人が集まりネットワークを形成して相互に助け合い、無駄を省き、エネルギーを浪費しないよう努力することが課題として浮き上がってくる。それこそ、人間に求められる必然的な責務ではないだろうか。あるいは、人間としての常識的な精神性といえるだろう。

しかし、避けられない点は、誰にも必ず得意不得意があることや、個々の認識レベルにおけるタイムラグや運不運がつきまとうことなどから、各種の格差や不信感が広がり、不満が高じて、最後は憎しみや争いごとにつながっていくということだろうか。争いごとの解決策は、妥協点を探すか、勝者と敗者を決めることで決着をはかるかのどちらかだ。勝者が決まれば、勝者が中心になり新たな方向性を模索するのが習わしでもある。そしてこの世には、空間を含めて、争いのない領域などどこにも存在しない。そのことが、特に人の場合は集団をつくりリーダーを選出し、戦う力を強めるために組織化するパターンが一般的な良識として定着してきた。身を守るためには1人より2人のほうが安全であり、情報収集力も倍加し対応力も強くなるなど、メリットは何倍も増していく。その代表的事例が、ビジネスの世界で見られる大型化しパワーアップする手法であることから、それとなく理解できるのではないだろうか。

もとより社会科学分野は、科学技術分野とは少しばかり趣が異なり、人の感情が先行する傾向が見て取れる。その点、科学技術分野は利益よりも研究先行で未知の世界を探究することに重点をおき、長いスパンで物事を捉えようとする意識が強い。また、集中的にテーマを絞り、深く掘り下げることを得意とする。ただし、以前よりは、文理融合の掛け声は強くなり、明確に線を引き、違いを引き立たせようとする方向性への転換意識がかなり浸透してきている。特別な分野は別として、これからはますますその傾向が強くなり、違いよりも多様性や複雑な要素を組み合わせたほうが、革新性や意外性が期待でき、成果が得られるとの認識が定着してきたことが前提条件といえるだろう。

科学の力は最後には、反復や操作が可能な事象を検証する能力と、将来の事象を予測して、人類に恩恵をもたらす。文系は、過去と現在の一度限りの事象に関する理解を求める能力にある。こんな考え方も参考になるけれど、それでも、釈然としないもどかしさも捨てきれない。

個人の能力は、どこでどのように才能を発揮できるチャンスが巡ってくるか、誰にもわらない。したがって、門戸を閉ざすのではなく、開かれた環境づくりを優先させ、誰でも自由に参画できるようにし、意外性を引き出す手法のほうが、当事者もやる気になり、予想外の提案につながる可能性や意欲が高められ、大きな成果となって現われるのは間違いないだろう。たとえば、企業の営業部門などは、人と人との交流を通して、新たな競争エネルギーを噴出する場面を作りだせるとよいだろう。情緒的要件も重なり、スピード、意外性、斬新さが求められる傾向がいっそう強くなるのに対して、数学や物理のような特定のテーマの難問を解くことに集中し、時間をかけてじっくり攻略するケースとでは、おのずと対処方法に違いが出るのは当然なことであり、特異性に応じ幅を持たせた対処方法の必要性が、ここに浮上してくる。

ただし、個人の持ち味を発揮しやすい組織づくりは永遠の課題であり、試行錯誤しつつ理想形を追い求めないことには、組織活動の実効性は高められない。また、人も組織も常に流動的であることと、人はそれぞれに特性や感性が異なるだけに、コンピュータによる計量的評価などを先行させる愚行は、個人の自律性を尊重し育成するスタンスからしても、相入れないやり方である。

一方、経済や経営の活動内容も流動的要素が多いため、数式のような正確な答えを求めることは極めて困難であり、また、精緻に先行きを計測できるはずもなく、予測と結果を近似値としてまとめるしか方法がない。となると、できることは、データ分析や競争環境を可能な限り掌握し、計画された目標値に最大限近づける努力をするのが精一杯であり、それでも、何らかの誤差は必ず発生する。しかも、数値化する項目と多様な流れや、強みと弱点、意外性のある流行や好みなども加え、計画時点における最良の目安として組み立てる。さらに、データのもつ含意を多面的かつ関連的に解読し、以後の誤差を最小限にする努力を続けるしか、適当な手段が見当たりそうにない。もっとも、文理の社会的融合性はコンピュータの性能アップにより生み出された恩恵でもあり、特に意識しなくてもやんわりと社会全般に広く浸透し、次の展開につなげていくパターンが、さらに加速される傾向が強まるだろう。

もちろん、産業界の境界線も同じように壁が低くなり、多様な競争相手が加わることで活気づいていく。同時に、メリット、デメリットも考慮に入れ、修正が加えられ、よりレベルアップされ次に進んでいく。ビジネス関連業務においても、パソコンツールを駆使したプランニングはもとより、業務処理の効率アップとコスト削減や新製品開発のスピードアップ。さらには新領域のビジネスチャンスへの挑戦や業態転換など働く環境の変革など、側面から強力にサポートする場面は飛躍的に増え続けることだろう。大げさに言えば、もはやＩＴ改革なくして人類の未来は語れないところまできている。それでも、人の特性でもある成果や長所には口をふさぎ、不満だけは口にする身勝手さは、相変わらずつきまとい、対応に苦慮することだろう。

ここからは、産業活動全般の効果を促進する諸問題について考えてみたい。そのねらいは現代風のビジネスモデルに焦点を当てることで、整然とではなくノート風に、しかも自己流に整理してみたい。ビジネスモデルの捉え方や考え方は、もちろん人によりさまざまであり、古代エジプトのピラミッドの建設やローマ時代の古代建築と道路の建設、シルクロードモデルのように、グローバルにつなげた国際的で特異な形の交易関係、文化の伝達など意味の成果を今日につなげてくれた好例がある。また、商業資本主義、産業革命などをはじめとする考え方もある。

近年の比較的身近なビジネス活動に焦点を当て考えてみると、「ビジネスモデル」という考え方は最近のものであり、それまで、経済や経営を語るうえで頻繁に使われてきたのは、「経営管理」という括りが一般的であった。経営管理の特色は、成功している大企業の経営方法を手本にして、何とか自分たちも大企業に昇り詰めたい、そんな奔流が経済界を支配し、激烈な競争が日常的に繰り広げられてきたことにある。その裏づけは、当初、経済や経営に関する理論先行の土壌が広く根づいていたことも関係している。それらの成功事例が理論を優先させ、あたかもバイブルのように組み立てられ、粛々と語り継がれてきたプロセスにも関連性がありそうだ。

しかし、時代の流れの変化と経済規模の拡大も関連し、経営管理という受動的表現では枠に当てはまらなくなり、マンネリ化が感じられるようになったとき、すかさず新しい感覚の枠組みが登場してきた。それは、英語表現によるmanagementであり、なんとなくスマートで能動的で経営全体を括る意味にも受け取ることができた。経営に関する、時代の寵児でもあったドラッカーが好んで用いていた使い方で、いまでも影響力は大きく、ドラッカー学会や大学院などで語り継がれている。ただ、現在のような、IT表現の難しい言葉が次々と登場する時代と異なり、特定個人の思想的発言の重みに誘導された数少ないケースであり、経営管理に関する黎明の時代でもあった。それだけ全体的な情報発信力が弱く、しかも伝達速度が遅かったことが、偏在的傾向を生み出す社会的状況を明確にとらえていたと考えられる。

今日とのタイムラグはわずか20年程度なのに、グローバル社会を巻き込んだ動向とスピード感の違いには驚かざるを得ない。経済学や経営学関連の陳腐化の速さも同じ傾向にあったと考えられる。この時代における経済活動のリーダーは言うまでもなくアメリカであり、巨大な経済力を背景に突出した影響力を行使してきた。それだけに、アメリカ式独占資本主義からマネジメントスタイルまでを世界中に浸させ、近代化をリードしてきた事実を否定できる要因など、どこにも見当たらない。経済的パイを拡大させ生活水準を飛躍的に向上させた功績は、経済力とその強引な手法に対する賛否は消せないものの、人類の進化速度を速めたパワーとして、ひとまず認めざるを得ないだろう。しかし、一強という弊害は、拮抗する相手が現われない以上防ぎようがなく、多少の異論があっても、歪んだ現実を受け入れざるを得ない状況が、残念なことに今日まで続いている。

そんな背景を背負って生まれてきたのが、経営パターンないしは経営スタイルという考え方であり、従来よりも業種別など分野別の経営スタイルを注視する捉え方への移行であった。つまり、業種ごとのリーダー企業である数社の効率経営を追求する経営パターンをモデルとし、模倣する方式でもあった。それは、経営規模の大きな企業の経営方式が、その他企業や関連組織のモデルとして追認されてきたことに起因している。

たとえば、国内では白物家電業界は複数企業が参入し、先発企業として国内競争を展開し、一時的に世界市場でのシェアをリードしてきた経緯を挙げることができる。利益の出る分野に多数の企業が参入し、企業間競争をあおり立て、かつ独自の改善を続けながらも、国際的評価を獲得することができた良き時代でもあった。その後、この時の企業乱立によるツケが後遺症となり総崩れし、赤字処理と立て直しに、いまだに悩まされている企業も見受けられる。同時に、日本的経営方式が国際的にもてはやされ評価された時代でもあった。その後、先進国を中心とした定型的経営方式が、競争を有利に展開するモデルとして定着しはじめたのである。

しかし、そこに、新たな発想のベンチャー企業や異業種企業などが、慣習にとらわれない経営パターンを携えて参入し、大企業とのすき間を埋めはじめたことが、変化を呼び込む糸口になったと考えられる。従来の大企業の経営や強い業種にこだわることなく、理論よりも実践による経験値を活かし、経営に取り組むスタイルが浸透しはじめたことを表わしている。トップダウン方式から、さらに多面的要素を取り込み、オープンで競争力のある企業経営に注力しなければ、それこそ足元が揺らぐ危機感の演出につながった。つまり、先進国主導に陰りが見え始め、新興国の急速成長という衝撃を時代的変化とともに敏感に嗅ぎ取り、方向転換の必要性に気づいたとき、それを経営パターンとして括りつつ舵を切らざるを得なくなった要因と考えることができる。

だが厳密にいえば、経営パターンに代わっても、目に見える形で特別に大きく変化したわけではない。どの分野にもみられるように、なにか変化が現われたとき新規性を印象づけるため、表現方法やアピール手段も変えて訴え成果を残したいとする、常套的な戦略の一つとして理解することができる。

さらに進んで、経営パターンよりも経済学などで使われているモデル表現のほうが洗練されスムーズに受け入れられることに気づき、「ビジネスモデル」という呼称が定着したと考えることができる。そこには多分に、権威づけの意識も含まれており、理論づけするのに好都合な呼称だともいえるだろう。ただ、国際間で、日夜、競争に明け暮れている企業の現場では、実践優先の思想の方が受け入れやすいのは自然であり、その点で、呼称そのものが、実態とは少し違和感があるのが気にかかる。とはいえ、国際的に表現しやすいのはビジネスモデルであり、要は中身が実体的であるかどうかで判断がわかれるケースでもある。さらに、時代の流れに沿った一つの区切りを示す意味も含まれていると受け止めることができる。

すべての事柄はモデルだとする考え方もあるのはともかく、ビジネスモデルの呼び方自体には新たな動きが感じられる。経営の場は、新規参入企業による圧力が加わり、常時変革が求められる運命を内包している。世論も企業の動向を注視しており、変化に乗り遅れると失敗例として批判の的にされてしまう。まして、ＡＩ時代が到来し、従来の考え方やスタイルが根本から揺り動かされる状況を迎え、その行方は、かなり不透明感を増してきている。つまり、権威主義やご都合主義が見直され、全員参加型の組織づくりと緩やかな合理性の考え方が浸透していく序曲が始まっているのではないだろうか。

## 2. 循環型組織

次に、ここでのビジネスモデルの考え方をいくつかの角度から述べてみたい。

前述のように、樹木の健康も繁栄も地下組織である根を中心にしたネットワーク活動に支えられていると受け取ってもよいことがわかった。それらは表面的には単独で、地上部分の動きしか見えないが、実際には広範な根っこ同士によるコミュニティを形成し、豊かな森林を形成していることを再確認することもできた。

それでは、そうした樹木が地上における生物の中心であり、生態系をリードする存在であることを念頭に入れて、その歯車の1コマである人間と、その人間が考え、動かす「企業」というものの発展的方向性について、やんわりと探りを入れてみたい。もちろん直接的には、人がしばらくの間は主体であり続け、人体を動かす原動力になるのは細胞と細菌であり、その細胞がエンジンになって各臓器のネットワークを構成し、協力関係を維持することで、生命が維持され存続されていることも考慮に入れなければならない。そして、生物が生命を維持する基本も細胞間のネットワーク活動がベースになり、そこに相互補完機能が加わる効率的なシステムに支えられていることが、組織に関する考え方を展開するうえで大事な要件であることも忘れることはできない。

この捉え方は、企業活動を支える上でベースとなる経営組織を新たに組み立て変える際に必要な前提要件として受け入れ、さらに時代のニーズに即応でき、実効性のある組織づくりをめざす狙いが込められている。

企業活動とは、大企業はもとより、個人経営であっても、内部と外部との接点なしには成り立たない。通常は人が集まり集団を作り出し、活動する主体になり、目的を追い求める塊であり、直接被間接のネットワークで結びついた活動体系と考えることができよう。あるいは、組織とは、人が人による活動拠点を作り出し、最も効果的な活動を探し求める過程で、最良の果実としての成果を提供する場であると補足することもできる。しかし今では、その中間に強力な役割を受け持つ、たとえばビッグデータ活用をともなう知能ロボットの介在を無視して経営戦略を立てることは、もはや困難な状況になってきている。

こうした考えは、何百年も続く匠の職人技なくしては実現できない伝統工芸品作りの現場などからはあっさりと否定されるだろう。だが考えてみると、どんな仕事でも最終的に、完成品と使い手との結びつきなしには評価もされず存続もできないのは明らかだけに、これらのケースでも、個をベースにしたネットワーク型組織の範ちゅうに入ることに変わりはない。

その一方の極として、企業の理想的あり方は、生態系への回帰を忘れることなく、むしろ強く指向し、並行的に進行している自然環境の回復を熱望しつつスピードアップされ、止まることなく加速化されている科学技術の動向にも注視を怠らないこと。そのプロセスの核になっているのが、情報革命の柱であるコンピュータにけん引された情報ネットワークシステムであり、個の情報をベースにして全体に波及させ、全体が個の情報を咀しゃくし統合化され、意味のあるパターンに加工して提供される。その結果、時と場所を選ばず組織の輪が水の波紋のように二重三重に拡大し、付加価値を生み出す仕組みとなり、ときに拡散し、ときに集合を繰り返しつつ変化し成長を志向していく。これこそ、企業組織の狙いそのものといえるだろう。また、根底にその方向性がないことには、生物社会の存続や発展は望むことができず、未来展望も開けてこない。あえて言えば、企業組織のあり様とは、成長する企業と衰退する企業との実態を評価する明確な物差しであると表現することができる。

もちろん、物事はそれほど単純に区分けし、評価できるものではない。先行き不透明な企業でも、組織の改変やリーダーの交替、事業内容や商品戦略などを転換することで生き返るケースも数えきれないからだ。だからこそ、夢があるのだ。このところ、一流企業でも、突然買収される例や経営が行き詰まるケースなどが以前よりも傾向的には増えている感じを受ける。その予想外の事態と意外性から競争社会の厳しさと、経営層の認識の甘さによる組織運営の風通しの悪さに、しばし唖然とさせられることがある。リーダーは、これまで多くの失敗事例を耳にしながら、自分の組織は大丈夫だと高をくくり、やがて、同じ火の粉に見舞われてしまったときの心境を、どんな言い訳で逃れるのだろうか。組織に関して、原則的には理解していたつもりでも、業種業態も組織の大きさにも違いがあるとすれば、運営の仕方も自ずと異なるのは自然の成り行きであり、結論的には、組織運営に王道はないという表現に落ち着くことだろう。

だがもしも、王道らしきものがあるとしたら、多くの組織が模倣することで満足し、組織としての独自性や個性、そして、大事な革新性や競争意欲などが失われ、保守的で安全パイ意識が強くなり、覇気のない組織ばかりになってしまう危険性がともなう。それよりも、ネットワーク組織の実態は、外部からは見えにくい部分が多いものの、あらゆる場面において、生命を支える動脈として機能し、広く深く連続的に現実の事態について投写ができるだけに、対応策は、常に斬新にして慎重であり、果敢でなければならない。また、戦略的思考の前提的要件として、新たに人工知能という高度なサポート体制が導入されて、あらゆる場面に絡んでくることを頭においておく必要がある。

従来の企業組織の特色として、アメリカ的な合理性を前面に出した、①レジリエンス（回復能力・弾力性）②自己組織化（自律能力）③ヒエラルキー（階層）を骨格とする捉え方が支配的である。さらに、トップダウンかボトムアップによる組み立て方が一般的であり、特に小企業の場合は、トップに権限を集中させて組織を機能させるのが定番になっていた。しかし、少し視点を変えて企業が生き残るために求められる要件について分析してみると、組織が先行しても、本来の自社製品の得意先を十分に把握できていない。そこに、ネットワーク化することで、新たな得意先の拡大や新製品の開発など諸々の可能性が広がり、経営戦略の幅を広げられる組織づくりをめざす方向性が必然的に見えてくる。さらに、これまでの形式にとらわれることなく、新たな視点による柔軟で先行性のある要素を取り入れた事業の枠組み作りと、やる気のある人材の登用や活力ある職場の雰囲気を醸しだす対策を組み入れ、持続的成長につながる基礎作りを、積極的に促進しなければならない。

また、高性能の情報機器が次々と出そろい、個人情報が自由に飛び交う現状を把握し、先行対応策が可能な経営組織を目指すには、長期的視点と新規性、消費者ニーズの正確な把握や競争環境の変化を先取りする必要がある。そしてさらに、自然現象のサイクル的異変や生態系の回復など、本質的要因も視野に入れた製品開発、そこに加えて、健康志向と細胞の活動形態などの要素も考慮し、事業展開を大胆に推進する視点が求められる。

そのポイントを、循環型組織の考え方とともに取り上げてみたい。

①中央集権型組織ではない

②部門自律性の業務処理原則

最初の焦点はこれまでの視点を転換させ、まず、人間の体内に住みつき、生命や健康を左右する細胞の能動的役割をヒントに考え方をまとめてみたい。

既述の通り、体内のどこかで異常が発生すると警戒情報が発せられ、回復のための協力活動がスタートする。このとき、中央集権的な指示系統からの命令ではなく、臓器全体がそれぞれに機能を分担し、自律的に役割を果たす仕組みになっている。少し補足すると、臓器には幹細胞が存在し、その役割は細胞の増殖、分化する能力を有し、細胞そのものが枯渇しないで済む重要な役割を担っている。この点から推測し、幹細胞が細胞に対するコントロール役であることをすでに学んできた。そして、これらの動きから、生物の内部構造は、あたかも、精密なコンピュータでシステム化されているかのように、機能化され活動していると推測することができそうだ。

当然、細胞は、生物の活動をコントロールする役割を担っていることから判断すると、知能を備えていると解釈するのが自然であり、しかも、休むことなく精力的な活動を繰返し、担当任務を淀みなく遂行、人体の健康を維持してくれる、頼りがいのある存在である。したがって人は、細胞の活性化に尽くさなければならない。

これに対し、人が関わる組織は、知識や経験、それに感情や利害関係などが複雑に交錯するために、不安定な要因を多く抱え込んでしまい、定石通り事が運ばなくなるなど、流動的な要件への対応に迫られる違いも顧慮しなければならない。そのため、ほとんどの組織はリーダーありきによる運営が定着している。もっとも細胞の場合でも、中心である幹細胞がマンネリ化し、ときにより反旗を翻すこともあるという。常に万全を求めること自体無理な願いであることは組織形態特有の宿命に基づくものだろう。

細胞組織の場合は、ニューロンによる指示命令があるとしても、基本的には中枢ですべて管理運営する仕組みではなく、部門ごとに状況に応じた解決策を追求し、しかも、自律的最適解を求めているのが特色でもあるといわれている。つまり、自律型自己組織化の考え方と同様に、活動現場の細胞が主体になって責任を担い、業務を推進し無駄を省き、小回りの利く理想的な省エネシステムが構築されているのだ。

一方、企業組織の場合では、リーダーを中心にした組織よりも有効で理想的と思われるパターンを新たに採用しようとすると、現場から不満の声が上がり、調整と苦渋の決断を迫られる事例が多く見られる。また、適当と思われる人材を随時当てはめていく、いわば必要性に基づく方式が主体であり、同時に、一刻も早く生産性を高めることだけに主眼を置いた体制のため、トップダウン方式による指示命令型になり、権限移譲された業務範囲内で活動する方式が根づいている。それだけに、自己判断に任されるケースは限定的となり、本来の理想的とされる自律的な活動スタイルとは、明らかな違いを露呈してしまうのである。

植物や体内細胞が活躍している組織パターンは、現場中心主義を基本にして構成されていることから、この方式を企業組織に導入するためには、これまでのパターンとは発想を逆転させる必要が出てくる。その前に整理しておかなければならない点は、中央集権型のトップダウン方式に慣れ親しんでいる現状をあらため、全員経営のビジネスモデルに転換しなければならないという重要な観点。これが最初の関門として立ちはだかってくる。

この方式を、企業組織の運営に取り込むのは不可能だと多くの人が考えてしまうだろう。これまでも、全員経営で組織の発展に貢献しようとの呼びかけは、事あるごとに聞かされたセリフでもある。しかしこれは、経営者が社員のやる気を鼓舞する一つの手段であっても、権限移譲により意欲を引き出せるほど、実態として、業務の門戸開放がされてきたわけではない。成果が出れば報酬を引き上げたり、昇進の道につなげたりすることはできても、実質的な制度にまで結びつかず、形式的になっている例が多いのは残念なことである。なかには大幅に責任と権限が移譲され、好成績を残している事例がないわけではないが、それは、個人特有のリーダーとしての素質に巡り合えた場合にのみ可能になるだろう。分権制の名のもとに始まったこうした事業部制組織の導入で最近目立つのは、分社化ないしはカンパニー制などの動きだが、これとて、目先を変えたトップダウン方式であることには変わりがなく、むしろ、トップ層の形式的な責任分散で終わってしまうことにもなりかねない。なかには任せすぎてコントロールが利かなくなり、不正行為が発生した事例も数多く報告されている。

ここで大事な点は、設置されている事業部門ごとの責任体制を明確にするとともに、担当スタッフ全員が参画できる環境を整え、意欲的に業務に取り組める雰囲気を浸透させることであり、それが職場の活性化と業績アップにもつながっていく、それこそが狙いである。つまり、トップダウンは極力避け、水平型の組織体制にして横のコミュニケーションと無駄を省き、やる気を引き出し、主体的に業務に取り組むことができる参加型の組織運営をねらいとする違いがある。

問題は中央集権的組織ではないとすると、誰が組織をけん引するのかという疑問が、当然のことのように浮かんでくることだが、ここで参考になるのがスポーツの世界。たとえば全国制覇している高校野球チームには、意外にも、生徒の自主性を尊重して任せているケースが多いことだ。監督が叱咤激励し、年中無休で精神論だけ先行しても、最後は息切れしてしまう事例が後を絶たない。野球やサッカー、それ以外のスポーツ活動において、中高生のやる気を引き出すには、監督やコーチは必要ポイントだけアドバイスして、その他のことは学生自身に考えさせる方式のほうが成果を上げ、意欲を引き出している事例が多く、参考になる。

日本式の指導は教え魔的であり、リーダーが細かなことまで口を挟み、任せることを良しとしないお節介方式のため、意欲や個性、隠れた才能を引き出すことが苦手だ。その結果、組織に縛られ、こじんまりとした選手しか育てられない。能力がある選手は個性が際立ち、枠にはめられることを嫌う傾向があるため、横一線方式に愛想をつかし、立ち去ってしまうことがあるのだ。

その点、欧米式は個性を最大限生かすことに腐心し、気づかせ型で能力を引き出し育成するところに特色があり、個々の自主的能力を尊重する方式が常識だ。社会的にも、当然のように受け入れられている。

企業組織のケースも、リーダーの力が強く、権限が集中しすぎると、刷り込まれたように独裁に走り、受け手は指示待ち中心になり、時間がたつにつれ次第にマンネリ化、保守的路線に入り込んでしまい、業績も低迷しはじめる。ここでも、主体性は失われ、与えられた業務を要領よくこなすタイプだけが時間の経過とともに増えていくことになる。

大事なことは、「人による人の支配」を最小限に抑え、それでいて革新機能が効果的に働くシステムづくりを継続させること。たやすいことではないが、人工知能時代を見据え、対応策を急がないと、国際競争に追いついていけなくなってしまう。つまり、従来型の中央集権型の組織は理想型と思えても、冷静に分析すると、権力の集中や人材活用の不透明さ、そして、地球資源の無駄遣いなど多くの課題に突き当たり、やる気を削ぐことになる。それでは、大事な意思決定のスピードアップや開かれた経営体制、さらに、経営上の最適化が得られるシステムづくりなど、新感覚の組織体制づくりに積極的に取り組む意欲を見失うことであり、勝ち目がなくなってしまうのが落ちである。

これらの状況を踏まえ、循環型組織づくりによる全員参加型を実現するのに必要なポイントについて考えてみたい。まず、この組織のねらいは、トップダウン型ではなくネット

●循環型組織例

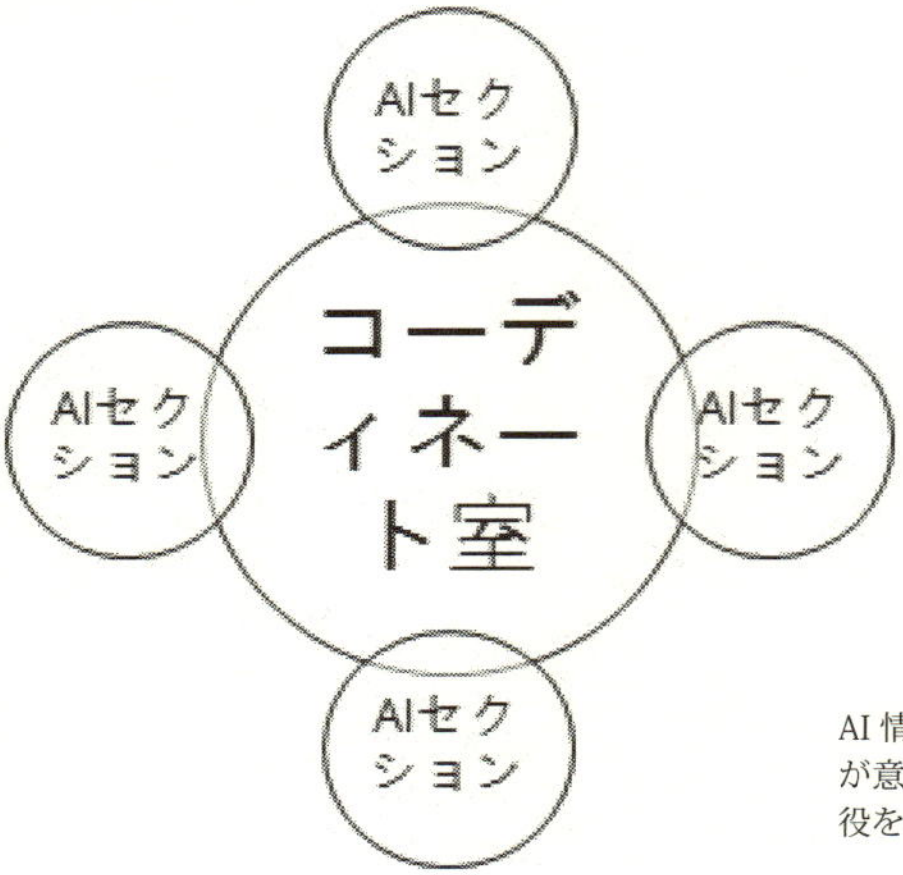


AI 情報をベースに、各セクションが意思決定につなげ、全体の推進役をコーディネイト室が担う。

ワーク指向型であり、他部門との連携をスムーズに進めるため、循環型（円形）の組織運営をめざしていること（上図参照）。

循環型であることは、全員が主体的に業務推進に加わることであり、特定のリーダーに依存することを避ける狙いがあること。また、通常の業務推進状況の把握はＡＩ（人工知能）に任される。日常業務の推進は、セクションごとに編成されたチームが担当することになる。セクションが部門会社的性格を帯び、通常の業務推進に必要な、ほとんどの事項が委託される。セクションの運営は、全員が参加し、交替でリーダー的役割を分担する。組織全体の推進的役割を担うのが調整的機能としてのコーディネート室であり、各セクションの担当者が参画して協議が行なわれ、ＡＩ情報をベースにして意思決定につなげていく。

また、必要に応じて、チームの意向を尊重しながら、全体の合意形成を担う役割も分担する。この組織の中核を担うのがＡＩ、人工知能である点に斬新さが表われている。

ここで大切なのは、あくまで通常の業務推進は単位となるチームに責任と権限が大幅に委譲され、ここが組織の核となり、存分に活動できる体制をコーディネート室とも協力し確立していくことだ。チーム業績はお互いに共有し、有効に活用して、相乗効果を高めていく。コーディネート室は全体管理機能よりも、ＡＩ中心に少人数のスタッフを配置、情報分析やコンピュータによる動向分析など、チームのサポーター役であること。そして全体調整による業務達成度を集計する役割を主に担うことになる。日常のチーム活動は、高度化されたコンピュータプログラムによるデータ処理と情報分析に基づき、業務推進状況が随時提起され、課題の確認と検討がチーム内で行なわれる。最終結果は、役割を任された担当メンバーが合議し、最終結果をまとめる流れを定常化させる。そして、ＡＩコンピュータによる支援システムを有効に活用し、情報を全員が共有し、迅速な対策を可能にすること。分析結果を有効に活用し、次の戦略決定にも重要な役割を担うことになるだろう。循環型でスムーズな意思疎通と省エネ指向の利点を、最大限生かせる組織づくりをめざすねらいが込められている。

この円形の循環型組織の特徴は、あくまで部門単位で業務責任を負い、目標数値の達成を果たす仕組みであり、メンバー全員とＡＩロボットが加わり、それぞれのエキスパートとして役割を分担していく。人体臓器の細胞が、ネットワークを組んで課題に対処する仕組みと同様に、この組織もメンバー全員の自覚がカギを握っている分、意欲の向上につなげられる理想的な仕組みでもある。そのためには、個人の特性を生かした要員を適材適所に配置することが大切である。そして欧米式の技能を備えている人材に固執することなく、独自のそれなりの教養を備えた人材であれば、自発性尊重によるやる気を引き出すシステムを徹底することにより、短期間で必要職務を取得し能力発揮が可能になる、そんな組織体制を目指す。つまり、多様な人材による現場部門中心にしたスクランブル組織こそ、AI時代のロボットと協調して生き残れる新たなパターンと考えるからである。もちろん、大事なポイントは、個々のメンバーによる自律分散型最適解を求める姿勢を尊重することであり、それこそが業務の質を高め、加えて持続的な能力開発が必須条件であり、組織の信頼性を継続的に維持できる大事なカギを握っている。

この循環型組織ないしはネットワーク型組織の要点は、個人の自由度が増すと共にネットワークによる協調関係がいっそう強まるところに特色が見いだせる。端末機器の氾濫や情報サイトの増加などから発信される過剰情報などに惑わされない自己判断能力を磨くことの認識が、組織人に必要な多彩な教養を磨くことにつながることを忘れないようにしたい。AI化に伴う時間の余裕は、人生をおう歌することと、知的能力を磨くことに向けられる方向性は妨げられない動向であるだけに、日頃から油断することなく持続的な自己研鑽の努力を惜しまないこと。そして、時代の変革が進むほど、高い自己規制能力と社会的文化度を高めるなど、さまざまな側面から地域コミュニティ活動などへ参画するチャンスが巡ってくるだろう。

人工知能時代の企業組織には、すでにＩＢＭやグーグルなどで量子コンピュータの実用試験が進んでいるように、処理スピードが格段にレベルアップされ、本格的な情報技術競争の時代を迎え、否応なしに働く環境変化の波に巻き込まれ、人の労働力を代替する知能ロボットが着実に身のまわりにも、働く現場にも参入してくるだろう。そのとき慌てふためいてしまうのか、悠然と受けて立つゆとりが持てるのか、事業分野の違いや担当する仕事の中身などによってもかなりの温度差が出るのは避けられないとしても、普段から適応能力だけは、不断の自己啓発により身につけておきたい。かつてのように、流れ作業に反対してストライキが頻発した時代ではなく、工場の自動化が進んで作業員が仕事を奪われた時代でもない。近年でもコンピュータ化の進展によって仕事が減ったケースもあるだろうが、変化の波はこれまで以上に影響が大きく、質の違いがある。これまで各種の変革を経験してきた学習能力を活かし、その動きに対処できる心構えだけは、慌てず急がず油断することなく臨機応変に、しかも万全の体制を整えておきたいものだ。

組織形態を変化させるには、人間の意識の変革が伴わないことには実効性を発揮することはできない。歴史的にも労使という画然たる身分的区分から、少なくとも、働く環境も対等になり、能力発揮も情報発信力も飛躍的に向上しており、これまで以上に、意識改革は着実に浸透していくだろう。近頃の先進的企業の工場やオフィスビルの環境整備は、目を見張るほど素晴らしいものが増えている。有能な人材を確保しておきたい経営側の思惑は当然の流れであり、変化対応そのものでもある。それ以外にも、企業間の競争関係がグローバルに展開していることへの対策的意味もあると考えられる。また、以前のように、1つの企業に定着する意識が薄らいできていることや、働き方の多様化なども関係している。競争と変革が止むことのない企業社会においては、このように、いくつもの要因が絡み合って人々の意識も、働く環境も、変化している内情も理解することができる。ちなみに、在宅勤務の奨励、サイドビジネスの容認、さらには、独立した個人が堂々と能力を売り込むスタイルなども増えていくことが予想される。これまでの定番的勤務形態は弾力的になり、新たなスタイルが次々に生み出され進化していくはずだ。

今、情報通信技術の革新が、知らず知らずのうちに社会的環境を変化させ、多くの人が気づかないうちに、その流れのなかに巻き込まれてしまっている。しかし、最後の決め手は言うまでもなく、個人の判断が最優先され、その人々の意識が、各種のネットワーク組織を拡大したり縮小したりする原動力となり、可能性の芽をふくらませ、質的変化を呼び込む役割を担うことである。企業組織のネットワーク化による成否も、働く人々の認識と変革意欲の継続が決め手であることは、当分の間、変わることがないだろう。また多様な意見が社会を変えていく流れは古代から引き継がれてきた進化という遺産であり、現代はネットワーク社会への移行こそが典型的な好例として挙げることができる。人工知能による飛躍的転換が始まり既成概念が覆されることは、大きなビジネスチャンス到来の好機と受け止めることができる。その理由は、特に、スマート感覚を応用した情報伝達により、世界的規模で市場拡大を可能にしたこと。また、人工知能時代の到来による条件整備が進み、関連的に知識分散型のビジネスチャンスへの期待が膨らんでいることなどを挙げることができる。

しかし大事なことは、循環型組織のねらいとして、これまで以上に、個人の自発的な意欲向上が基本であり、全員が自律的に仕事に取り組み、情報発信できる能力が期待されていること。だからと言って、求められる中身は、学業成績に左右されるほど単純ではなく、社会人として客観的な判断力や適応力が高く、多様な経験とアイデンティティーのある人を期待している点が、従来の組織よりも解放的で高い可能性を秘め、未来性に標準をおいている点と面とから、受け入れられる違いがある。個の能力は無限大であるけれど、それでもなお、他者とのつながりがあってこそ、価値を生み出せることに変化はなさそうだ。

少し観点を変えて考えてみると、そこには参画する人全員の関わりが最も重要な要素であり、切り離したくとも切り離すことのできないテーマであることを再確認しつつ、前向きな意識転換の起爆剤にしたい。企業活動を支える人とは、経営側なのか働く側なのか。

将来、ロボット人の登場がゼロではなくなってきたことへの思惑と不安が、こうした面に少なからず影響を及ぼすだろうと考えられる。少し気が早い話であることは承知のうえで推測してみると、こうした状況は、取り巻く変化対応がかつてないほど急速であることと、全貌がわからない競争相手が出現することへの一抹の不安。もしくは、前向きに解釈し、これまでにない高度な競争関係が巻き起こすであろう、変化対応への備えであるとも考えられる。

かつて、起業家やスタートアップ企業、リーダー的人材には、頭の回転が速くアイデアマンで、個性が強く攻撃型タイプの人が多く見られた。それだけに、若いときは強引で成功もするが失敗も重ねる。また、部下にも強引な人を揃えがちで、行動が鈍いと感じる人物像はあまり好まれない傾向がある。

しかし、これから求められるリーダーの理想像は、強引なタイプよりもチームを盛り上げていくタイプ、すなわち、メンバーと協調して成果を上げていくスタイルでないと、個の尊重と協調関係は築けない。やはり、組織は人が中心であり、業務を推進する役割を担う要であるとの判断は、人工知能の役割アップとの狭間で、しばらくは蛇行しながら拮抗状態が続き前進していくことだろう。

もちろん、企業組織にとって最大の課題は、優秀な人材を確保することが第一だとリーダーは固く信じ、青田刈りでも縁故でも、できる限りの手を尽くすため、あちこち奔走する。その割には、入社後は上司がエゴを振りかざし、一方的に能力の優劣を判定し、人権無視的亀裂を起こすため退社してしまうなどという、人的ロスを生み出す不毛な愚を繰り返すことも。そんな、人とのマッチングの難しさはどこからきているのだろう。それは仕方のないことだと考えるのか、それとも、組織という枠にはめ込もうとする既成概念が強すぎるためなのだろうか。

たとえば、個性の強いリーダーほど自分の能力におぼれ、革新的に見えても固定的思考に陥りやすく、組織をだめにしてしまう傾向が強く、常識で判断できるような些細なミスで、有名企業を破綻に追い込むようなケースが見受けられる。そんな事例から推測して、優秀とされる人材の能力評価の難しさと、汎用的な社会常識の不足との相関性を感じ取ることができそうだ。形式的知識を優位とみなし、実践的な知恵の必要性とを取り違えてしまう。つまり、見栄えのよさに気を取られることなく、積み重ねた努力で自然に身につけた知識の重さを重視する、そんな傾向はさらに強まるだろう。

ともかく、リーダーとは一人の力で組織を引っ張ることの限界を知り、全体の能力を束ね、浮上させる裏方に徹することだ。俺についてこい方式は時代錯誤であり、逆に、自己改革と周囲の状況判断ができ、柔軟性を備えた人材が評価される時代を迎えている事実を忘れることなく、冷静に組織運営に取り組む態勢が求められる。人の問題は、どこまでいっても悩みの種だ。だからこそ意外性が生まれ、混沌としながらも前に進む楽しさも生まれてくる。

さて、もう少し組織と人について振り返ってみたい。

生態系そのものが多様な要件に左右され、樹木や細胞の働きも多様であり、結果的に全生物もそのなかで生かされている存在であるだけに、企業も活力を維持するために多様な人材が相互に研鑽でき、総合力を発揮できる体制こそ、理想的姿と受け止めたい。そして、これまで枠組みを踏み外してきたと思われる行動原理をリセットし、そこに自然の原理をベースにした方向性を正しく受け止め、チャンス到来と解釈するということもつけ加えておきたい。

というのは、人工知能時代も直線的に進むのではなく、ジグザグしながら、結果的にあるべき道をたどるはずだからである。その動向に遅れないためには、自分自身が頭の切り替えと多様な知識の吸収、行動力、人間理解、他者への思いやりなどの要件を意識的に身につける必要性が出てくる。動物社会は競争優位性を維持し、序列を明確にすることで成り立ってきた側面がある。たとえば、億万長者の存在は成功事例であることは確かでも、日常的にはそれほどの意味は感じられない。なぜなら、個人の一時的評価が金銭換算ですべて表現できるとは考えられず、それよりも、成功も含め、その人の生き方こそが大切であり、正しい認識でもあるからだ。

だが、複数による多様性は相乗効果を高めてくれる。多様な経験、訓練、アイデンティティを持った人の集まりは恩恵をもたらし、相互による化学反応のメリットも期待できるのだ。もちろん数の多さはメリットばかりではなく、逆に問題を生み、内容のばらつきが大きいことなども考慮に入れておかなければならない。なお、自然の生い立ちは単純な直線構成ではなく、複線構成である点に特色があるように、組織も内部のすみずみまで複線的要件が容認されていることが極めて重要であることを示唆しており、そして暗示的でもある。成長する組織にはこれらの要因が充満していて、知らないところで機能が有機的に活動していることが多い。それこそ、組織が生き物であることの由来であり、証左ではないだろうか。

リーダーに求められる資質は、参画する個々のメンバーにも同じことが求められる。多様な意見こそ正しい答えを導きだしてくれるといわれるように、業績抜群の企業であっても、少数経営陣の独善的経営スタイルには、やがてマンネリ化と無気力、保身が蔓延するようになり、白アリが土台を食い荒らすように地盤が沈下していく危険性を否定することはできない。それを避けるには、女性能力の活用などを含めた、自覚あるメンバーが能力を発揮できる組織作りと運営を心掛けなくてはならない。多様性とは、一定の土俵のなかで持ち味を発揮できるための態勢づくりであり、通常、目にすることのない細菌や細胞のように、役割分担と共生のネットワークを強化し、盤石ともいえる現存のシステムとサイクルを参考にし、経営組織に取り込む才覚が必要になる。メンバー全員が企業目的を共有し、効率的な組織づくりを目指すためには、個人として資質のレベルアップと持ち味を磨き、常に前向きな姿勢を維持できる気力と体力を保持できるトレーニングも欠かせない。同時並行的に、自己意思による能力開発の継続も重要なツールになるだろう。男女均等の立場と役割分担も、単に人的補給や女性の能力活用などと騒ぎ立てるのではなく、子どもを育てる医学的側面や幼児教育の重要性などを考慮に入れ、さらに浸透させる努力が必要ではないだろうか。

誰もが持ち味を発揮できる環境の創設は人類の夢でもあり、めざす目標の一つとして追い求めないことには、下手をすると知能ロボットに追い越されてしまうかもしれない、とする類の話も出てきている。ただ、競争が進化を呼び起こし、活性化につなげる欠かせない要件である反面、格差も生み出すマイナス面もあることを考慮に入れておく必要がある。その解決策とは、人による人の支配意識の根源を断ち切ること。つまり、自由意志による個人の尊厳を媒介する人工知能ロボットのような斬新な触媒機能が必要になる。人だけの抑制機能では、マンネリ化というウイルスの潜入、ゆがんだ欲望を抑えることができないからだ。また、限界を超えて自然破壊にまで進展させてしまった現状解決の遅れなどの対応には、新たな抑制能力が求められる。もっとも、多様な思考への還元論が機会あるごとに叫ばれてきたが、最近では、新たに自然への回帰の必要性を訴える新還元論意識による論争が浮上している。

循環型組織論の根底には、人が介在する重みを分かち合う相互精神の発露と対等意識による循環型チーム活動の重要性、個の能力を最大限発揮できる環境づくりこそが、今後のビジネス組織の動静を左右するカギを握っているとの観点から、新たな組織の形として提起してみた。もちろん、自律分散的最適解を求める動きにも連動していく。そこに、自己学習が可能な自律型ロボットが登場したことで、現実的課題として、慎重な配慮を求める意見も多く聞かれる反面、俄然、盛り上がりを見せている。補足的に人の能力とは、誰もが持ち合わせている固有の能力そのものを指すのであって、表面的で形式的な優劣判断で能力を見極めようとすることは短絡的であり、むしろ、将来につながる知的財産を自ら放棄する過ちを犯すことになってしまう。

ここでのビジネスモデルとは、組織と人との関係は、どこまでも切り離せないとの認識に異変が起ころうとしていること。それは、ロボット人の登場により、組織は人間でなくても組み立てられることに気がついたこと。現実に、人一人ロボット人一台で活動している企業が存在しても不思議ではない。また、循環型組織による連携が、個の能力発揮を促し資源ロスを少なくすることにつながっていく。そんな時代到来の序曲が始まっている。

## 3. 商品戦略モデル

アダム・スミスではないが、人間社会を端的に表現すると、高度な分業体制によって支えられ成長してきたといわれている。もちろん、古代からこの仕組みを活用し、厳しい生存競争を乗り切ることができたのも、全員が役割分担に加わることで集団を維持することができた大きな要因と解釈することができよう。その後、必需品の開発や食料品の供給をはじめ、一人でも多くの人が多様なニーズに応えられるよう、分業の仕組みを順次改善することで乗り切ってきた。その後、分業は分野ごとに職業として成長し、働く場を提供し、少しでも効率的に大量の製品を生み出す先人の知恵が蓄積され、順次、職業別区分となり定着してきたと理解するのはすこし大雑把すぎるだろうか。

ところで、身近な日常生活の場面を単純に俯瞰して振り返ったとき、これだけ多数の人々によく毎日の食料をまんべんなく供給できるものだと、分業による生産体制と仕組みの威力に感心してしまうことがある。

生産現場から消費地に至るルートを通じ、店頭に並べられている、ありあまるほどの食料品。これらが持続的に提供され、消費者に繰り返し選択されていく様に、商売とはいえ見事なものだと、分業による威力と感謝の気持ちを伝えたい気分になる。そこには、海外生産品も当たり前のように加わり、生活用品に限らず、人々の欲望を誘発してやまない数えきれないほどの商品が日夜迎え入れてくれる便利さに、人の分業体制と協力関係がひしひしと感じられる。しかも、止まることを知らない競争に加え、技術革新の波が押しよせ、地球全体を包み込み繰り返されるという、とてつもないビジネスモデルを容赦なく押しつけてくるご時世である。その分、ネットワーク体制の怖さも感じ取れる。

さて、企業戦略とは、会社全体の方向性を決定する重要な機能を負わされており、なかでも、企業の生命線ともいうべき開発「製品」の採否を決める商品戦略こそ、中核的機能としての役割であり、これまで以上に期待されている。この機能が成果を残すためには、全社的な応援体制と情報収集システム、市場ニーズ分析など研ぎ澄まされた立ち位置と精神力を集中できるシステムを常時整備しておく必要がある。とにかく、企業として売り物がないことには逆立ちしても商売は成り立たない。また、市場のニーズに応えられないような開発商品ではビジネスとして成り立つわけがなく、組織やプロジェクト存続そのものまで怪しくしてしまう。言うまでもなく、市場を席巻するような商品が簡単に開発できるはずがなく、常日頃の観察力やひらめきと執念が積み重なって、なんとか踏み出すといった次元のことであり、これが大変な職能であることは、体験したことのある人でないと本当に理解することは難しいだろう。それこそ、運もツキも味方して思わぬ幸運が転がり込んで、なんとか形になるレベルの成功確率ではないだろうか。

ここでは商品開発を消費現場の状況からさかのぼり、具体的問題点を取り上げ、検討してみたい。まず私個人の経験をふりかえってみると、衣料品の購入に際しては、健康維持のためのウォーキングのあとデパートに立ち寄り、紳士衣料品売場をのぞく機会がよくある。ブランド別にわかれた店内を見てまわり、展示品を品定めしながら、各社の商品構成や品質、接客態度や定価などを比べ、自分のストック品も頭に入れて、最終的に購入の可否を決めることにしている。すると、価格帯や顧客層の違い、国産か外国産か、素材の使い方の違いなどから、メーカー別の狙いや戦略などをある程度知ることができる。海外の有名ブランドの多くは売り場作りも高級感があり、相対的に価格帯も高い。それだけに素材も著名ウールを使用して質感を出し、しかも縫製もしっかりしているなどの違いが感じられる。あるいはブランド名は外国であっても、素材は外国産で国内縫製の場合は、ほとんど国産と変わりがない価格であることも多く、安心感がある。

ただ、紳士服売り場は相対的に婦人服トップブランドの売場のような、派手さは見られない。主たるメーカー品でも、それほどの価格差はないため、個人的に好きなブランドで、体形にフィットするもの、デザイン性と色や柄、他のメーカーとの違い、そして品質などから選ぶようにしている。さらに、他のデパートの商品と比較し、価格帯も含めて最終的に決めている。有名ブランドメーカー品は、どうしても保守的になる傾向があることに加え、紳士物自体の売れ行きが悪いためか、このところ、外国の有名ブランドメーカーの撤退が目立つのが気にかかっている。肌着類になると、専門店やスーパーなどとの品質も価格もなくなっているため、デパートの戦略として専門店的傾向が強くなり、従来のイメージが変わってきている。それが男性売り場の縮小化などの動きにもつながっているようだ。いままで以上に、業態持続の不安定化は避けられそうになく、その分、専門店に対する注目度が高まる傾向が感じ取れる。

食料品は、デパートとスーパーマーケットないしはショッピングセンター内の行きつけの店舗で購入することが多い。その理由は、比較的近くに店舗があること、何回も買い物を続けることで店舗ごとの特徴と安心感や品ぞろえ、価格帯の範囲、店の雰囲気や接客態度などを比較選択し決めることができる利点がある。ところが、食料品は産地と鮮度をチェックしているつもりでも満足度はあまり高くない。産直と表示されていても頭をかしげることが多く、野菜なども自然栽培品でないと満足できないのだが、現状認識からして、簡単には手にすることはできそうにない。野菜は契約農家から、肉や魚は特定の親しい店から購入する手もあるが、そこまでこだわるつもりはないからあきらめるしかないだろう。果物などは、通販で購入することが多いが、それでも、どうしても不満が残ってしまう。頒布会も宣伝文句ほど満足度は高くない。農家の直売所の野菜も曲者で、鮮度も品質も不安が残るのはどうしてだろう。そうなると、信念として健康優先の商品を提供している店舗を探し出すか、もしくは、自家栽培や自給自足できるゆとりのある人でないと安心できる食料品を入手にできないことが、それなりにわかってくる。世の中は、分業で成り立っているのだから、その利点をお互いに享受できるシステムをかぎ取る嗅覚が求められる気がしてくる。

ともかく、食料品については、毎日の食事は健康維持の基本であり、そこに、健康志向への関心がいやが上にも高まっているだけに、大いに関心を持って可能な限り比較検討し、好みの店で集中して買い物をするよう心掛けている。数年前から、簡単な料理くらいは自分で作れるようにとチャレンジ中ながら、いまだ家族からの評価は芳しくない。料理も物づくりのように、新しい作品を作り出す楽しみや創造性をくすぐってくれる意味合いも感じているだけに、今のところ、評価は低くても止めるつもりはない。下手なりに何年か続けていると少しは上手になるから捨てたものではないと、自分で勝手に解釈している。とにかく、食こそ命をつなぐ生命線であるのだから、軽々しく扱うことなど論外であり、家庭で料理する頻度を増やすのが常道だと受け止めているからでもある。

このところの健康志向に関する神経質なまでの風潮に便乗し、添加物の有無をチェックするようになり、たとえば、リン酸塩、ショートニングやマーガリンなど添加している食品は可能な限り除外するようにしている。添加物の取り扱い方を見るだけでも、生産者の姿勢がかなりわかってくる。幼児を抱えている女性が、アレルギーなどを意識しているのか、ラベルをしっかりとチェックしている姿をよく見かける。聞くところによると、幼児のアレルギー体質は、家庭で料理しなくなったことも関係があるとの意外な盲点も指摘されているだけに、安易に総菜を買い求めるのは注意が必要だ。スーパーやショッピングセンターの食料品売り場などで、脂肪分の多い惣菜や肉類を大量に買い求めている人もよく見かけるが、健康ブームなどどこ吹く風のようで、罹患する心配など眼中にないのではと他人事ながら気になることがある。

ただ、肉や魚と弁当類になると、添加物の数が多すぎてラベルのチェックができないこともある。また、野菜や果物の鮮度に注意していても、毎日のことだけに買い手がねらい通りの商品を確保するのは困難としか言いようがない。小さな鮮魚店などでは、鮮度のよい商品を毎日回転させることなど現実には不可能であることは明らかである。大手の鮮魚店では、かろうじて日々仕入れた商品を店頭に並べているように見受けられるが、もちろん完全ではないだろう。むしろ、毎日、廃棄ロスもかなりあって、処分に相当苦労しているのではないか。野菜や果物は、初日は新鮮であってもその後の売れ行きが悪いと、当然、鮮度は低下するため、値引き販売してまでなんとか売り切ろうとする。消費者も値段にひかれてつい買ってしまい、その分不安が残るお決まりのパターンが繰り返される。しかし肝心なことは、もの言わぬ消費者が、日々、そうした店側のやりくりや工夫を直視し、信頼レベルかどうかを冷静に分析していることを見落としてはならない。

添加物の多い食料品を当然のように販売している店と、最小限に抑え意識している店とでは、客層も客足にも差が出るのは基本的な販売姿勢が違うのだから仕方がないことだ。

ただし、生産者の意識が低いことが根源にあるのに、クレームをつけるほど力のない弱小店だと、仕入れを拒否できなず、苦しい選択になってしまうことはやむを得ないのかもしれない。しかし実際は、当事者としての認識遅れが原因で売れ行きが落ちていることに気がついていないケースのほうが多いのではないだろうか。そうした場合、可能であれば、製造から販売まで自分の店で手がけるほうが消費者のウケは良いと考えられる。いや、そう考えれば、一番賢く、確かで、健康維持にも欠かせない方法とは、食事は家庭で最大限調理することに尽きるのではないか。家庭菜園が可能な人は大いに精を出し、健康、安心と満足の双方を欲深く、おだやかに追い求めるほうが賢い選択なのだが、それをできる人ばかりでないので、あまり薦められない。

それでも、他人の健康まで見守ってくれる人などめったに見つかるものではない。企業経営も好むと好まざるにかかわらず、多様化へのスピードが速まるばかり。少しの油断も禁物のこの時世において、経営戦略上の柱となる商品開発に関するビジネスモデルを取り上げてみたい。

ビジネスの基本とは、形のある製品ないしはサービスなど、何らかの売り物を形にして提供できるよう知恵を絞り、具体的成果を通して社会的評価を得られるよう、最大限努力することに意義がある。人間社会は、経済活動を支えるため、国家間の協調関係と同様に競争があることによって、戦争など大きな紛争を抑える力が、意識的にそして感覚的に作用していると理解することができる。また、科学技術や産業の進化は、最終的な果実として生活の資質を高めることが目的であることは、多くの人が理解し納得しているはずなのに、生活場面において何らかのギャップに、しばしば悩まされることが多い。

つまりプラス面だけ取り上げ、言葉で発信するだけのきれいごとでは済まされず、生活の末端までメリットを浸透させ、一挙に生活環境を変えてしまうことなどできるはずがないことを示唆している。生産者と消費者が求める製品とが完全に一致することなどあり得ない難しさを示す、同じ意味合いといえよう。もちろん、一致することはできなくても、双方のギャップを最大限まで補い尽くす姿勢を失うことなく、最善の努力を続けることは可能なはずである。それが無理なら、改革など必要でなくなってしまう。現に、顧客本位を貫いている誠実な企業も存在しているのだから、他人のスタイルを気にするよりは自分の信念を貫くことが生きざまとして現われる。。

ビジネス活動においても、自社製品に問題点があることはそれなりに掌握していても、少しでも採算効率を上げたいがために不正行為を黙認してしまうような不祥事があとを絶たない。しかも、一流企業においてそんな事態がたびたび発生している現実が言い知れぬむなしさと当事者しか知りえない対処の難しさを知ることになる。もちろん、大企業ゆえの影響力の大きさが事態の深刻さをはやし立てる事態も見過ごせないが、主力商品の売り上げが思わしくないことが業績不振の足かせとなり、深みにはまってしまうなど商品戦略の欠落が主因となって影を落とす姿がはからずも垣間見えてくる。これからは、競合相手との品質競争や価格競争に勝利するために人間が関わってきた場面に、ロボットがサポートする近頃の変革の構図が、さらに洗練された形で現実化するのは必至といえるだろう。市場動向を緻密に分析し、先手必勝するため、何通りもの選択肢を用意するのは簡単であり、そこに、誠意を持った味つけを盛り込むのもお手のものであろう。普段の些細な心掛けが勝負の綾になるのだ。

今日のようなグローバル競争の時代には、競争相手は次々と現われるだけに、隙を見せたら負けを覚悟しなければならない。それだけに、商品開発力を磨くことの重要性がすべての企業に例外なく押し寄せてくる。企業の存続は取り扱う商品が生命線である。起業するときひらめいた開発商品ないしはアイデアが決め手となり、そのままグーグルやアマゾンのように、主力商品だけで大企業にまで成長できれば、次の拡大戦略への道も容易になることは、近年の市場の動向がつぶさに物語っている。だからこそ、主力商品の重要性を知り、どのような組織であっても心血を注ぎ、新たな柱を開発しないことには成長が止まってしまう。しかも、そうしたジレンマと縁を切ることができない苦しさから、市場環境は少しも解き放してくれない。

ユーザーとしては、影響力のある企業の商品にはいささか食傷ぎみであっても、競争商品が限られるため、選択肢が制約されるデメリットから逃れたくとも、簡単には代替案が見つからない。特に、市場をリードしている情報通信関連の大企業のパワーが勝っているため、ユーザーを囲い込む戦略が秀でている実態があり、新たな業態を開拓しなければこの壁は崩せそうにない難しさがある。ともかく、小さな成功例であっても、常に新たな商品開発に追いまわされる現状は簡単には変えられず、競争社会から逃げ出せないのが現実でもある。フェイスブックのような形態でも、一度退会すると再入会はできないというルールは、どんな制約があるのかわからないが、意外な印象をうける。これだけ影響力のある企業なのに、なぜセコイことを考えるのか、限界が見えはじめたのだろうか。ともあれ、この経済社会は、競争があるからこそ変化が生まれ、競争があるからこそ保守化を予防することができるという束縛のない環境の持続性こそ最良の戦略ツールと考えられる。同時に、最終的には地球環境の変化という原則に縛られている実態から逃れる術までは、人類が持ち合わせていないことも肝に銘じておく必要がある。

商品開発には、組織の大小や職業分野の違いなどによる制約を受けることはなく、あくまで自由競争が土台になっている楽しみがある。あるのは、メンバーの数よりも偶然による資質、運と意欲と執念の違いと補足することができよう。もちろん、大企業が、研究部門や商品開発担当部門に優秀な人材と資金を投入すれば成功する確率が高いのが当然だと、常識的な受け止め方をする人のほうが多いことだろう。けれども、既存の商品に累積的ノウハウを積み上げることに長けていても、意外性のある新規製品開発の成功確率となるとそんな甘いものではない。新規性や偶然をたぐり寄せる力は、自由な立場で発想ができる個人のほうが可能性を秘めている因子は高いと思われる。物事に対するひらめきは、多くの場合、無意識的で偶然的要因から生まれる確率の高さがよく知られている。これからの製品開発に必要なのは、大が小を制する意識構造から転換し、人間社会を精神的にも物理的にも豊かさを実感できる、自由と開かれた社会環境の実現と信頼感を醸成させる態勢の回復。これこそが、将来に向けての大きな方向性であるといえるだろう。

ここ100年ばかりの間に、イノベーションの連続によって物量生産体制は飛躍的に拡大し、むしろモノ余りでありながら、一部の国にのみ豊かさが偏在するといういびつさを生み、なんと世界で生産される食料品の3分の1は廃棄されているという。地球資源の無駄遣いの激しさは格差を生む要因の一つでもあり、ここにも、複雑さを増大させ対策の困難さを映し出している。世界の英知を集めてこれらの偏在を解消し、貧困にあえいでいる人々を救う解決策を見出せないものだろうか。フランスでは、すでにこの廃棄ロスを減らす対策が実施されているという。この動きを世界規模に広げるアイデアをスーパーコンピュータの助けを借り、ネットワークによる最適配分など、具体的手法をはじき出してもらうのも、今後の方策の一つになるだろう。

さらに、このところのスマートフォンなど情報機器に代表される、目先の便利さを追い求める動きが副次的な不安を派生させ、ウイルスの侵入、ケアレスミスの頻発による混乱などに拍車をかけている。便利さの代償は、人心を荒廃させ、猜疑心や物的欲望を煽り立て、ブレーキが利かなくなる怖さと無縁ではない。そして、健康を維持するはずの食料品の生産にまで手抜き傾向が先行し、添加物を多量に加えた食品が大量に販売され社会的に糾弾されても、一過性のように忘れ去られてしまう意識構造を改革することは、ＡＩ改革より大変なことかもしれない。これは、生産者側の姿勢と、踊らされている消費者側との双方に課題が投げかけられていることを意味している。

企業の目的とは、第一に利益を上げることだと公然と言われ続けてきたが、ここまで産業化が浸透しすぎてしまった現在、その意識を転換する機会到来ととらえ、次のような要点を意識した商品開発の必要性を取り上げてみたい。

㋐　売り上げ規模と利益第一主義の転換

㋑　エコロジーへの回帰

生き残り競争が過熱化すると、汚い手口を使ってでも勝ち残るための手段を必死で探し求める。これが、動物社会における競争の常とう手段でもあり、樹木と違って動けることで多彩な知恵と思考と手段を総動員することが容易となり、最後は必然的に組織力による差異が勝敗を決めるというカギを握っている。そのため、規模を大きくする夢は捨てきれず、日常的な尺度である生産力＝販売力で勝負する意識が頭から離れない。つまり、規模の大きさと利益の追求という物差しが、大手を振るってまかり通ることを容認してきた。世界的大企業への憧れと神話は、資本主義体制下の自由競争の原則から生まれたものであり、エンドレスの経済活動の果てに形成され、なりふり構わぬ突進と過剰生産信奉主義が産み落とした残滓《ざんし》と表現することができる。

経済活動の大きさによるしわ寄せは、貧困格差による内紛やテロ活動、そして地域紛争による難民問題へと拡大し、世界中を恐怖のどん底に陥れるという予想外のダメージと禍根を残してしまった。過大すぎるものの横暴さは連鎖的に末端にまで容赦なく、デメリットを波及させてしまう恐ろしさがある。その一つの例が、まわりまわって森林伐採による動物虐待へとつながっていること。多くの生産活動は利益を得たいがために過剰生産に走り、各種の公害をまき散らすパターンこそ、商品開発戦略見直しを必要とする最たる要因と言えよう。

さらには、たびたび述べてきたように、人類は自然環境の破壊という多大な代償を支払わなければならなくなり、その危機感を受け止めるには、利益第一主義を追い求めるこれまでの呪縛的手法を転換し、環境主義を前面に打ち出すこと。そして一人でも多くの人がゆとりと満足感を享受できる企業活動に重点を移行させる。つまり、大手の独占的組織の独走ではなく、個々の人材が能力を発揮しやすい規模の組織体を中心に据えた活動に加え、環境保全と安全や信頼を戦略の柱にした商品戦略を実現することこそ、長期的な発展に結びつけてくれる最良の手段でもある。行司役としての行政の出番や社会的監視の目も加わり、万人が共通の認識を持ち、太くて大きな流れをつくり出す時期到来と期待したいものだ。

その先には、本来の健全なビジネス活動による透明性のある、利益本位よりもユーザー本位の企業活動のあるべき形が見えてくる。よくしたもので、うしろめたさのある商品開発では長続きさせることは難しく、自信をもって利用者に訴え続けられる循環システムこそ、社会的な信頼を勝ち取ることができる近道でもある。信念に基づく個性ある経営スタイルを支えてくれるのは、ユーザーの厳しい目線を乗り越えられる製品の中身次第であることは、日常的に比較検討して購入している生活プロの消費者が教えてくれている。言いかえれば、嘘をつかない製品を持続的に提供できるシステムづくりこそ、商品開発に求められる基本的姿勢といえよう。それがエコロジーへの回帰という最終的に拒否することのできない、基本的姿勢を前面に押し出すことにつながってくる。いくら科学技術が進展しても、生物が生き残るための基本は、最後は、自然現象に組み込まれた循環活動から離れることはできず、むしろ、その枠組みに戻ることのほうが、間違いなく、すべての面で好循環の作用をわけ与えてくれることになる。結果として、重要な健康管理を促進させる必要性において、また、動物も生き生きとし、樹木も繁茂し他の生物との良好な関係も取り戻し、何重ものメリットを受け取ることにつながるからでもある。

そんな視点から、他人のやらないことをやる、利益を生み出すために人を活かし生産性を最適化できる仕組みづくり、ＡＩ知能などの近代兵器のサポートも考慮しながら、相互利益のために努力を続けること。その信念を貫かないことには新しい時代を乗り切ることは、とうてい不可能と言えるだろう。それにも増して、まだしばらく続くであろう人間本来の感性を最大限発揮してユーザーニーズを引き寄せられる、商品改良や新製品の開発への嗅覚を磨き上げることに尽きてくる。経営規模の大小や立地条件など地政学的なマイナス点は、情報ネットワークのサポートにより解消されるという画期的な環境が急速に整備されてきたことで改善されつつあり、ビジネス本来のあり方としてありがたいことである。そして、個々人の足元の立ち位置は、無駄なエネルギー消費を抑制し、地道な日常生活を健康で安定的で、少しばかりの満足を楽しむことではないだろうか。

何よりも、地産地消で鮮度の高い食料品を安心して手に入れることができる環境整備、電化製品などは、ほとんど使われることのない機能が増えすぎ、モデルチェンジばかりを急ぐ競争環境も改める必要があるだろう。個人的にも身近な電化製品について、商品知識不足の販売員が多いのには慣らされてしまったが、特に、クーラーの取りつけミスが多いのには驚くばかりだ。人員削減によるしわ寄せなのか、それとも非正規社員など不慣れな社員が増えている影響なのか。技術進歩ばかりに目を奪われ、人のほうが追いつかないという初歩的ミスがこれからも増えることだろう。生産過程における初歩的なミスを擁護するのに慣らされてしまった気分だが、人工知能製品はどのような中身でサポートしてくれるだろうか。期待し過ぎて失望するのか、今後の転換が楽しみでもある。

ともかく、言葉では解決できない不安材料や諸課題が、進歩に付随して必然的につきまとうことも考慮に入れておかなければならない。時代の進歩も、変化を誘導する先端から末端までの落差は想像以上に大きなものがある。そうしたことは、これまでの人類の歩みを顧みても、いまだ山奥で伝統的生活を続けている少数民族や、その日暮らしの生活を続けている人々が多いことなどから、推し量ることができそうだ。ここには、地球の公転には目もくれず、独自の生活スタイルを保持することに専念できる自由さがある。それに引き換え、豊か過ぎて、バラ色の未来を夢見ている人に意外な落とし穴が待ち受けていることが時おりあるから、一概にどちらがよいなどと言えるものではない。完全無欠などという状態は永遠に達成できないという天空の神様の思し召しではないだろうか。

ここまで、あちこち回り道しながらよりよい商品の開発に向けての考え方を取り上げてきたが、これからの商品開発に必要な視点とは、地球の資源を大切に活用し、持続的生産体制を維持するため、生産ロスを最小限に抑える地球規模での生産形態を究極的に追い求めることではないだろうか。特に、主食となる米や小麦、大豆やトウモロコシ、ジャガイモやさつまいもなどをターゲットにしたシステムの構築。スーパーコンピュータの性能アップや量子コンピュータの開発などにより、遠い将来にはかなりの確率で実現できる可能性が見えてきている。ただ、気候変動に左右される農産物の収穫量の変動や海産物も、常時一定量を確保することの難しさなどコントロール不能な相手に対して打つ手があるのか、むしろ、悩みが多いのが励みになる面もある。また、自由な競争の根本が崩れ、コントロール機関による統制が働くことのマイナス面、国際間にまたがる輸送問題などの難問が迫ってくるのは避けられない。そうしたときに、その役割を担い、解決策を瞬時に探し出してくれるのが、スーパーコンピュータをはじめとする人工知能の出番である。世界的な商品管理システムを開発し、効率的に管理することで餓死する人の数を減らし、貧困撲滅の足掛かりになれば望外の成果といえるだろう。

大量販売に毒された資本主義体制も、消費者の満足を最大限まで追求し、安全で安心できる商品作りに回帰することで、組織の持続性を担保できるようになるはずである。果物でも大粒の物は大味になり、中程度以下の果実のほうが味覚は濃いことを知っている。また、誠意のこもった商品は、裏切らないものだ。そこに競争から軸足を移した商品提供ルートのカギを見つけ出すことができる。

## 4. マーケティングモデル

大量生産を支え、大量販売を演出してきた販売促進策やマーケティング活動こそ、ビジネスモデルの最先端を担う重要なケースと考えることができる。しかし、どんな場面においても、過大な力を持ちすぎると、何らかの阻害要件が予想外の形で漏れはじめるから不思議なものである。生産者と消費者との関係や需要と供給の関係は、いつの時代においても相互に〝せめぎあう〟関係が続けられてきた。双方の力関係が新製品開発や、反対に商品寿命の短縮化などの動きに現われており、均衡点を求める難しさからは、いつも不等式で解を得るような意味合いを読み取ることができる。これからは、大企業による過剰生産と過剰消費をリードするマーケティング戦略はその根源を断ち切り、時代的ニーズに正面から対峙すべき時がきているように感じられてならない。

ここでは、商品開発と並行して、完成品がスムーズな売り上げと商品回転率を高めることに直結するマーケティングモデルを取り上げたい。

グローバルな競争が常識になっている世界のマーケットは、昼夜を問わず多彩で活発な活動が続けられている。特に、中国に加え、インドという超人口大国がマーケットに加わることによりスケールアップされ、ヒートアップする動きは止まらない。それでも、市場の停滞を防ぐためには、新手による競争相手の参入が欠かせないことを証明している。これらの動きは、ビジネス活動の最前線であるとともに、マーケティング展開を有利に進めるにあたり、知恵を絞りあう最良の場であると言い換えることができる。情報時代を支えているスマートフォンもピークを超えたと言われながら、バージョンアップという切り札を活用して定期的な新製品投入を行ない、巧みに市場を下支えしている。ユーザーも、老若男女がこぞって利用するという現代を代表する巨大な市場創出に参画し、嬉々として宝物の新兵器を手なずけようとしている。手軽に持ち歩き、常時、情報を共有できる時代を彩る画期的な商品であり、マーケティング展開の代表的事例として認知されている。

だがしかし、このような成功事例は少数例であり、もっと身近なビジネス事例から考えられることは、厳しい現実の中で、当事者として精魂込めて開発した担当製品の売れゆきが悪いことほどつらい思いをすることはないだろう。

同じように、日本のような自然災害大国の場合、農産物が収穫期直前に大雨や台風などにより被害をこうむった時の虚脱感は、年間を通し、汗水流した努力の果実が目の前で台無しになるに等しいのだから、言葉では言い表わせない失望感となって、頭の中を駆けまわることだろう。テレビなどで映し出される当事者のけなげな発言は、天を恨むこともできない、その場しのぎに取り繕った発言としか理解のしようがない。いずこも同じく、商品を通じて交錯する取引の現場には、悲喜こもごもの風景が映りだされ、評価結果が判断材料となって総括されて、新たなチャレンジが始まる。つまり、競争相手の顔が見えないなかで時間とエネルギーをかけ、さまざまな知恵とアイデアが飛び交い論議され、商品化される。あるいは、予想外のヒントから生み出された製品がユーザーから支持を得られるかどうかで、はからずも組織体の運命が決まる厳しさも伴う。

そんな競争の根源となるのは、組織の持続的成長と個々の生活を守るため、未開拓分野に挑戦し、成果を残し、将来への夢を実現しなければならない務めなのだ。マーケティング活動とは手塩にかけた製品に対する消費者の反応が直接感じ取れる最重要の現場であり、同時に、生の情報を収集した貴重な中身を有効活用に結びつけられる、一番ホットな最前線でもある。そのメリットは、問題点が直接吸収できることと、ストレートに売上アップにつなげられることだ。同時に、現場担当者である気配りと積極的な意識のわずかな差が、担当商品だけに限らず、経営全体に影響を及ぼす重みを知る、絶好の場であることを頭に入れておきたい。訪問販売の場合は、人間性も含めて、さらに緻密な計画と準備が必要であることは、経験的にも理解できるであろう。また、対面販売の不振が続くなかで、ネット通信販売の売り上げが年ごとに伸びており、その趨勢を維持するためのマーケティング手法に関しても、情報分析と活用の大切さと、継続的でぬかりのない製品の投入、並行して、競合関係の掌握や消費動向の分析など綿密な具体的対策を練り上げ、速やかに行動に移す積極性を示す手抜き禁止の場でもある。

また、ビックデータ時代の特色は、情報分析結果を迅速に活かすことにより、付加価値が高まり味つけが増す醍醐味が、今よりも数倍も向上することだろう。その分、スピード競争こそが、勝敗の決め手になることも頭に入れておきたい。また、物を売ることから情報を活用するという新時代のうねりは、これまで見捨てられていた資源、エネルギーロスを減少させる大きな意味を持つと同時に、ビジネス活動そのものの方向性まで転換させるチャンスが目の前に常在していることを示唆している。不均衡な労働環境や長時間労働と過剰な思惑的労働をなくすことにもつながり、短時間労働での生産性の向上にも寄与し、無駄も省かれ並行して余暇の活用も可能にしてくれるだろう。

とりわけ、マーケティング活動にそぐわないのが、食品関連産業ではないだろうか。なぜなら毎日が生活と直結する健康提供産業としての重責を担っているからである。まずは食料を確保し、次に寝床を探し求めるスタイルは今も昔も変わりがない。そこに押し込み販売することは、買い手の意向を無視したビジネス優先意識が先行する懸念がぬぐえないことにある。たとえば、食品の調理方法の違いや調味料の使い方、あるいは、発酵食品に対する認識やニーズは千差万別であっても、食へのこだわりと健康維持は誰にも共通する願望であって、どこからも異論や反論を耳にすることはないだろう。しかし、味つけに対するこだわりや好み、伝統的味わいや家庭の味などに近づける努力は、綿密な日々の積み重ねがあってこそ対応できるはずなのに、大量生産で対処しようとする過ちを犯していることに気づいていない。その要望に最大限応じられる経営戦略と商品ドメインを工夫すれば、消費者の信頼を確実に勝ち取る道は常に開かれていることに気づかされるだろう。

それだけに、レトルト食品やサプリメントに過度に依存するのではなく、可能な限り鮮度の高い自然食品に回帰するシステム作りを急がねばならない。添加物の多い食品でも、幼児を抱えた主婦や育ち盛りの子どもを抱えた家庭では、口当たりのよさや見た目のよい食品を選んでしまうケースが先行している傾向も見られる。また、若くて所得の少ない所帯も同様に、空腹を満たすことを優先条件にせざるを得ない事情があるため、やむを得ない処置でもあるのだ。アレルギー体質や喘息、花粉症なども幼児期の栄養補給に問題があることが指摘されている通り、生産者が意識を転換し、大量販売ではなく、安全第一の製品を提供することで解決策につなげなければならない。消費者の本音は、安全に関する条件整備が整った生産者による質のよい商品を、商品知識豊富な担当者から安心して購入できる態勢がベストな選択であり、そこに、マーケティング活動に欠くことのできない、変わらぬ本質が横たわっているのではないだろうか。

顧客本位による商品提供の必要性が、当たり前のように言われてきた。しかし、そこには食料品であれば、中身も重要だが、他社製品とたいして違わない商品を、少しでも多く販売することで安心し、独自性や差別化することにはそれほど興味を示さないような姿勢が続いてきた。消費者も、受け手としての物理的制約もあって、添加物などの多少はあまり気にしない傾向がみられた。賢い消費者ではなかった、とも言える。また、他国より遅れている行政の生産者寄りの姿勢に反発しながらも、後追いの改善にあきらめムードが強くなってしまったことも関係があるだろう。ただ、近頃では、物を言う消費者が増えたことと、臨床的啓蒙書やSNSなどでたちどころに情報交換できる環境が整い、メーカーなどの姿勢を転換させるツール、切り口になっていることも無視できない。さらに外国人観光客が増えていることも重なり、企業のマーケティング意識を転換させる条件が整ってきたことは歓迎すべきよき兆候といえよう。

話は変わるが、パン好きな国民性によるのか、菓子パンの種類の多さには外国人も驚いているとの話題を耳にする。得意の外見のよさと味つけでバラエティーに富んだ魅力感が演出されており、子どものおやつ替わりにするのか、若い主婦がたくさん買う姿をよく見かける。そこに水をさすつもりではないだろうが、パンは健康によくないとの書物もある。特に食パンは、精製された小麦粉に含まれているグルテンが健康を損ねるというのだ。それに対する店側の対応のひとつとして、ライ麦や穀物類、あるいはふすまや全粒粉を加えたパンなどがある。その点、ドイツやフランスのパンは、見た目よりも実質オンリーであり、以前から雑穀を加えた伝統的な黒パンや硬いパンが、昔からの形を変えずに売られている。健康意識が社会的コンセンサスとなって浸透しており、安易に目先を変え、売り上げを増やそうとはしない、伝統を守る倫理観と精神的強さが感じられる。

その点で心配なのは、小麦の多くを輸入に頼っているわが国は、コストアップや農薬問題、輸送に関わる課題などが加味され、健康面でもマイナス要因が多いのにもかかわらず、添加物に対する細心の配慮に欠けるのは残念である。もちろん、行政の企業寄りの姿勢も大いに関連性があるだろう。

ともかく、売り手の意識として健康に留意した商品の提供はいかにあるべきか、消費者と生産者や規制に対する認識が遅れている日本では、歴史あるヨーロッパの後塵を拝し続けており、学ばなければならない点が多い。環境に関する意識もヨーロッパが一番高くかつ先進的であり、その点で日本は、製品づくりは緻密であっても本質的な大事なところで混乱しており、マーケティングの流れと意識面でのズレが感じられる。それは、アメリカ的マーケティングも同じで、大量販売意識が強すぎて、データ活用や革新的技術は先行しても、製品作りと販売面では、かなりラフさが目立ち、緻密さを欠いている弱さは隠せない。

また、大事な伝統的食料品の取り扱いに関しても、ビジネス的要因が入りすぎていることと、外面的変化を追いすぎている傾向がみられる。立ち止まって考えてみると、食料品に関しては、豊かな国土を擁するアメリカ式の数量管理が先行する計量的マーケティングの感覚よりも、ヨーロッパ的な路地物野菜優先にみられる歴史と伝統に裏付けられたスタイルに軍配があがりそうだ。まずは、生命は食べ物のエネルギーで維持され健康が保障されるのだから、ビジネス先行ではなく生命維持を第一としたマーケティング本来の姿にリセットする対策の促進が急務である。

このままでは、体を支えている細胞も混乱し免疫力が低下、健康維持に必要な本来の働きができなくなってしまう。そうして欲望が先行し過ぎ、持続可能で地道な生産体制による食品づくりの基本を忘れたとき、新たなウイルスなどの攻撃を受け、社会不安を巻き起こしかねない。その不安を排除するためにも、ユーザーと直接接点を持つマーケティング活動をめざし、日常生活を豊かにする安心と信頼が詰まった製品を、自信をもって提案できる体制を定着させたいものだ。そんな変化が現実化され、着実に押し寄せてくることを、心から切望したい。目を開き、生態系を尊重し、自然志向の食生活の重要性を再認識するために、あらゆる角度から検証し、強い意思を持続させることで、今後の方向性が見えてくる。

キレイごとはともかくとして、あの天下のマイクロソフトでさえ、ライバルの出現と時代の変化の速さにあたふたした事態があったことを取り上げてみたい。それは期待されたウィンドウズ8の評判が思わしくなかったため、起死回生の策として早めにウィンドウズ10を投入したときのエピソードだ。満を持して投入したのにもかかわらず、思ったほど普及が進まないため、ウィンドウズ8の使用者に無償アップグレードができることを再三促す、一方的な販売促進策であった。ここまでは、従来の動きと変わりはなかったが、反応しないユーザーに対しては、追い打ちをかけるように機会を見つけては利用の可能性を呼びかけてきた。

個人的には、この段階でマイクロソフトが薦めてきた「ハードディスクの容量があるから大丈夫」という理由を信じ、メーカーに問い合わせたところ、対応機種ではないとの返答を受けていたにもかかわらず、そんなことはお構いなく、強引にダウンロードを一方的に押しつけてきた。マイクロソフトが推奨するのだからと安心していたものの、利用者の同意も得ないまま強制的にダウンロードされてしまった結果、パソコンの調子がおかしくなり、いくら電話で問い合わせても音声電話が「しばらくお待ちください」とむなしく応答するだけで、何時間たっても要領を得なかった。結果としてパソコンはクラッシュしてしまい、素人の知識レベルでは対応できなくなり、ついには修理に出すという不始末に終わってしまった。この行為は、一部で非難報道がされたものの、会社側からは、通り一遍の言い訳が発表されただけで、巨大メーカーの圧力のもとに、それ以上騒ぎは拡大することなく幕が下りてしまった。

こんな横暴が大企業なら許されてしまう、不信感を募らせる初めての体験であった。これこそ、マイクロソフトのマーケティング戦略の失敗であり、独占的体質の驕り以外の何物でもない姿をさらけ出した不愉快な一件でもあった。それまで、圧倒的力を謳歌していただけに、マーケティング戦略などさほど必要としてこなかった。しかし、複数の競争相手が力をつけ独占体制に陰りが見えはじめたため、新たな戦略が必要になり、編み出したつもりのケースといえよう。やはり、競争相手が存在し切磋琢磨する環境でないと、必然的に人心が澱んでしまうことは避けられない典型的なケースで、従来のモノポリー体制だった油断と驕りが競争環境の変化により表面化した事例でもある。ウィンドウズ10も性能は確かにアップして利便性もあるものの、初心者クラスには、細かな約束事が多くなるばかりで神経を使うことが多いのと、いつクラッシュするかわからない不安が常につきまとっている。ワードの使い勝手も、以前よりもむしろ後退しているように感じられる時がある。先行する機能が多くなり知識習得型に近いパターンに移行し、前進してはいるものの、使い手は慣れるのに苦労する。ＡＩ移行の前兆と模擬感のようにも感じられる。

経営戦略上の視界不良は、マーケティング面で、ユーザーにストレスと不信感を増幅させることにつながっている。情報は自由気ままに世界中を走りまわるから、かつてのようにユーザーに向けて権威を振りまわしてみても、ユーザーの動向を制約することはできず、ユーザーは冷ややかに時代の変化を感じ取り、次の展開を模索し、やがて敬遠のサインを出して勝手に離れていってしまう。こんなところにも、自然の原則に基づく循環パターンがやんわりと作用し、影響を及ぼしていると考えることができるだろう。自然現象のすべてが発生から消滅へのサイクルをたどり、時間をかけて進化する枠組に、意外にも、人の情緒的行動も感応していると受け止めることができそうだ。

これからのマーケティングの方向性は、消費者と直接かかわる小売店を中心にした接客業務、あるいは、力をつけているネット通信販売、そして、企業間の取引を担っている営業業務や国際取引などの販売促進パターンであり、これまでにない形に変革していくだろう。少なくとも、規制ぎりぎりの商品を少しでも多く販売しようとする、これまでのなりふり構わぬ方向性から、グローバル化の波と経済発展の恩恵により、徐々に安定化の方向に進むのか。それとも、むしろ争いごとが増えてしまうのか、大事な岐路に差しかかっていることは否定できない。いずれにせよ、最後は、企業活動とは、地球サイズの大所帯を相手にしたマーケティング手法の統一を考えるのではなく、むしろ、地域密着を優先させ、エコロジーとの調和も考慮に入れながら、独自のスタイルを推し進めるパターンに落ち着く可能性が高まることを信じたい。

企業の真価はマーケティング活動を通して、ユーザーの評価から得られた販売実績により知ることができる。分析結果から、詳細な要因把握と裏づけが即時に判定され、迅速な対策が打ち出される。このデータ分析レベルの向上により、競争要件の変化など、新たな方向性が多面的に掌握できるようになってきた。つまり、消費者ニーズ先行のマーケティングモデル提案が欠かせなくなっていることを、いみじくも示唆している。

## 5. 新イノベーション

人類は、この世に生命が続く限り、連綿としてイノベーションを続けていくのだろうか。あるいは、お互いに競争し合うことで変化が生まれ、生命を持続するために必要なエネルギーに転嫁し、進化していくのだろうか。ここまで同じ問いかけを試みてきたが、人は好奇心の塊のようなもので、次々と休むことなく工夫と改善を積み上げ、生命を維持するために進化を追い求める過程で身につけてきた知恵が集積された姿とも言えそうだ。ともかく、競争とエネルギーとが同時並行的関係にあることはまちがいなさそうである。

イノベーションとは、長い間、創造と破壊であると言われ続けてきたが、その言葉も、コンピュータが開発されたことでその意味合いが大きく変わり、ビジネスマインドもマネジメントスタイルも大転換させたばかりではなく、気がついてみれば、社会生活全体に恩恵とインパクトを与え続けてきた。言うなれば、コンピュータは主要なプレーヤーとして人間世界に受け入れられ重宝され、陰に陽にサポーター役を担ってきている。もはや、コンピュータなしの環境は語ることができず、特に、経済規模の拡大と莫大なマネーが、昼夜を問わず、世界中を駆け巡ることを可能にした先導役はＩＴ技術であり、また、生活の質を向上させ、表面的便利さを覚醒させたのも情報のネットワーク化である。そして双方向通信技術による文化も生み出し、ついには、情報の質やスピードを根本から変えてしまった。さらには、個の情報発信力を覚醒させ、民主化も進めた功労者でもある。その分、騒々しさも倍加させ、心理的圧力を倍加させるという副産物も生み出しているけれど。

そして、このところの「ＩｏＴ（Internet of Things）」（ｐ２０２参照）や人工知能技術開発が、新次元のイノベーションの時代へと突入させている。これこそ革新的改革であり、従来のイノベーションの概念を凌駕する新次元の画期的動向であると補足することができるだろう。ただ、進展の速度は、一気に周囲全体の状況が１８０度変わってしまうのではなく、現在までの蓄積された知識の上澄みとして革新的ビジネスモデルが誕生し、生活スタイルも意識面でも、従来とは異なる変化が現われはじめている事実を虚心坦懐に受けとめることで、より理解が進むものと思われる。

勝手なもので、イノベーションという言葉自体も少し古さを感じるようになり、起業もベンチャービジネスも当たり前になり、いまでは、さらに革新性が高く急成長指向の新興企業をスタートアップ企業と呼んでいる。これは、その時の時流に沿った言葉でなかったら、新鮮味が出てこない、もしくは、新しさが伝わらない意味でもあるのだろう。それに比べ、革新や進化などの使い方の方がマンネリ化しない言葉なのか、多く使われるようになっている。イノベーションという言葉の代表的事例は産業技術の革新に加え、経済領域であるビジネス活動に最も当てはまっているようにも感じられる。それは、おおざっぱに産業革命を一つの起点にした捉え方であり、しかも、特定産業の生産技術の変化に注目した解釈で、ほんのわずかな期間しか体験していない形態であった。それも、欧米の先進的な数カ国が核になって、しだいに世界的に技術が伝わり、資本主義体制へと移行してきた経緯が時間軸のなかに刻み込まれている。産業資本の拡大や基幹産業の成長を促し、やがて巨大産業が市場も資産も支配する形態などは、技術のイノベーションはもとより、企業の大型化そのものも、イノベーションあるいはビジネスモデルの手本であると受け止めることができる。当時のマネジメント手法のほとんどが特定大企業の事例から学び取り、修正を加えてきた経緯がいみじくも教えてくれている。

しかし、特定の巨大資本や大企業による力の支配や組織の固定化などに伴う閉鎖性という弊害や未経験の事態が頻発するようになり、さらには、新たな企業形態による競争相手も出現し、技術の革新と労働意識の変化なども加味され、やがて、国家間にまたがる生産調整などが頻繁に行なわれるようになった。そうなると、当然の成り行きとして技術の流失や特許権の侵害争いなど、知的資産の取り扱いにも防衛的意識が高まってきた。つまり、後発企業の成長とともに防御的姿勢が表面化し、新たなイノベーションの重要性が改めて問われるように変化してきた。欧米企業は先発型が多く、先行技術や特許権益などの優位性もあり、利益の確保も容易であったこと。また、経営とは利益を上げることに徹していたことから、外資企業は伝統的に売上高も利益率も高く、投下資本の回収にも敏感な構造になっている。国内企業の場合は、資本主義体制も経営体制も後発であったことから、収益率が低くても会社を大きくしたいと願うその先行意識が後遺症となり、いまだに尾を引いている。そこには、イノベーションの後発国であることが、大いに関係していると考えられる。競争に勝つためには手段を選ばない精神性とリスク対応や行動力、国際的視点の不足など、和の精神のような村感覚から抜け出せないことも関係がありそうだ。現在は、国際競争の激化で、それらの欠点も次第に解消されつつあるが、少し油断すると、再度巻き込まれそうな危険性も感じられる。

あらためてアメリカ的企業の強みは、ベンチャービジネスの参入が盛んであることに加え、リスクに挑戦する意欲と革新性が旺盛であること。それを支える投資家の支援援助が盛んであり、調査意識や分析能力に秀でていることなどの長所が随所にかいま見えることにある。移民政策による人の流動化が絶えることのない挑戦意欲となり、イノベーションの連続性が保たれてきた。そんな動向も、資本主義体制の成熟化と競争関係のグローバル化、新規産業が次々とどこからともなく忽然として現われ、競争地図を塗り替えていく。これこそが自由競争の醍醐味でもあり、停滞を防止する防波堤の役目を担い、イノベーションの重要性を体現してきた。その輪のなかに、近年、世界の工場から抜け出す力を備えてきた中国をはじめとする、新興国の参入が相次いだことから、競争関係の図式に大規模な変化が見られるようになった。こんな構図は、一昔前には考えられなかったことであり、リードする国と追いかける国との距離感は縮むばかりの状態になっている現状や、アメリカ一強に対する批判なども頻繁に聞こえてくる。いまや、総合力では劣るものの、次なる段階に差しかかっているのは確実であり、さらに、混沌とする競争の中で勢力図が粛々と書き換えられていくことだろう。

ところで、ベンチャービジネスの増加や在宅勤務と裁量労働、そしてネットワーク化など産業のソフト化が進み、意欲とアイデアがあれば誰もが起業できる環境整備が進んでいることも見逃せない。また、国内競争プラス海外企業との熾烈《しれつ》な競争に、油断も隙もない状況が経営組織体の複雑化要因を一層加速化させている。競争関係を左右するグローバル化は防ぎようもなく、そのうえ変化のスピードが速く、情報の持つ力が加速化されるばかりであり、一流企業といえども安閑としてはいられない。その意味では、競争関係はすべての分野に公平に巡ってくるから楽しさもある。競争の激化が情報と知識の競争関係を進化させる役割を担っていることは常識ともいえるだろう。同時に、誰にも経営に参画するチャンスが訪れていること。つまり、新規参入の機会が増え、小が大に挑戦し、時には制圧することもできる、振幅のある激しい競争の場が盛り上がっていく。それだけ競争条件が多様化し弾力化し、組み合わせの工夫自体で新しいビジネスモデルを生み出す可能性を示唆している。

イノベーションといえば、異業種交流による勉強会もずいぶん盛んであったが、海外企業から学ぶのと同じように、異なった次元からヒントを得る手法は実践的であり、かなり効果的な手段だったと思われる。確かに、おたくや専門バカと呼ばれている人々も貴重な戦力であるけれど、広い分野にわたり独自の教養を身につけている人材もまた、一瞬のひらめきに似たアイデアを生み出す可能性が高く、幅のある判断力や柔軟性、周囲の状況に目配りできるなど、経験的にも利点が多いと考えられている。常に貪欲に、世の中の新しい動きや好みの変化、技術開発の動向などに注目しネットワークを広げていく意欲。そこで生まれるイノベーションとはさんざん悩み苦しんだあと、無意識に発信された予想外のヒントが成果につながった事例を多くの人が体験的に知っている。まさに、念ずれば通ずる心境だろうか。ともかく大切なことは、ビジネスにおける究極の目標とは儲けるために苦労して働くだけではなく、最終的に、人々の豊かな暮らしと夢と希望を持てるような環境をサポートするために存在する、と理解するほうが健全な思考であることはまちがいなさそうである。

いまでは、知らない人などいないほど知名度が高い１００円ショップのダイソーは、当初、こんな安売りビジネスがやっていけるだろうかと、やじ馬根性的に遠くから眺めていた人のほうが多かったと思われる。しかし、安さには誰もが関心が高く、何でも１００円という設定に興味を持つ人が次第に増え、いまでは多くの人から受け入れられ、店舗の全国ネットワーク網を築いてしまった。買い手と売り手双方にとって、金銭授受が楽で、つり銭の心配も少なく、「とりあえず買ってみても損にはならないのだから」と買い手の意識を上手にくすぐり、しかも、飽きさせないために矢継ぎ早に新しい商品を投入し、こんな商品まであるのかと品ぞろえの多さに驚き感心している間に、気がついてみたら海外にまで店舗を拡大し成功を収め、大企業に成長してしまった。さすがに、売上高も四千億円を超え、世代交代も考慮してか、株式の上場準備を進めているという。

利益は少なくても数量を売ることで利益を上げる、実にユニークな経営スタイルであり、倒産し夜逃げまでしながら生み出した省エネ型経営スタイルだ。釣銭に困らないスタイルと安さ、豊富な品ぞろえ、便利さ、そして意外性を実現した新規性のある典型的イノベーションを具現化した成果といえるだろう。これだけのアイテムがそろってしまうと、後発企業も追いつくのに苦労すると思われるが、「絶対」はどこにも存在しないのだから、安心は禁物である。ともかく、これだけの組織体を、どのような経営管理をしていくのか、興味をそそられる。まさに、新たなひらめきはどこに潜んでいるかわからない。行動に移す勇気がいかに大事であるかを教えてくれている。

ただ、競争こそが革新を生み出し、新たなビジネスモデル構築を可能にし、反対に、保守性は停滞を呼び込み、無駄なエネルギー消費と人心を暗くする危険性が、目に見えないところに潜んでいる不確実性が見え隠れする。この図式が感心できないのは、競争の過熱化は、資本主義の象徴ともいえる大企業がリード役となり、有利に事が運ぶように群れをつくり、防衛網を繰り広げる習性があること。しかも、偶然的幸運と知恵、力があると思われるリーダーがトップに君臨するスタイルに変化すること。そして、世界で数パーセントの超資産家の出現はそれほど興味のある話ではないにしても、それ以上に、遺伝子組み換え食品やその種子まで独占供給し、人類の食糧事情やエコロジーにまで影響を及ぼしかねないモンサント社のような怪物企業の存在を許している。それも経営努力の成果なのだと宣言されてしまうと返答に窮してしまうが、このようなイノベーションは、とても歓迎する気分にはなれない。

地域特性と環境保護を重視し自然農法への回帰を真剣に検討し、大切な食料品を安心して口にできる本来のパターンに移行する努力を官民と産業界が協調し実現する。これが本来、あるべき姿ではないだろうか。また、グーグルやアマゾン、アップルのような巨大企業も影響力の大きさゆえに市場を混乱させ公的機関から訴訟されるなど、各地で話題を賑わしている。このような怪物企業のほとんどがアメリカ発であることに驚かされるが、多様化社会による発想の豊かさとチャレンジ精神、国土の広大さなどイノベーション風土が染みついているからこそ、途切れず後発企業が続くのだろう。

こんな動きも、ビジネスモデルと呼ぶのか、もしくは、イノベーションと解釈するのか、休むことなく繰り出される戦略と余波の大きさ、そして変化の速さに振りまわされているというのが正直な気持ちである。自由競争の恩恵は、伝統の知恵を踏み台にして新しきものへと貪欲に挑戦していく、ここにイノベーションの真骨頂があるのだから、大企業だけを妬んではいられない。だが、大きすぎると無駄がふくらむことの弊害は避けられず、そのあたりの修正に気づき、舵を切り替えられるかどうかが、これからの経済活動のあり様を形づくるカギを握っているのはまちがいないだろう。もちろん、その最終選択権は消費者の手のなかにあるのだから、卑下することなく大手を振って歩こうではないか。

　さて、イノベーションの舞台も、人工知能というエポックメーキングな時代への移行により、これまで経験したことのない画期的な環境の中で、新たな経験を積み上げていかざるを得なくなっている。いままで、直線的な合理性を念頭におき、革新を追い求めることで答えを求めることができた状態から、これからは、ほとんどなしえなかった複雑で困難な課題を簡単に処理できるようになるのだ。そのキーマンは人工知能ロボットであり、従来、人の頭のなかだけで練り上げられてきた改革に関するアイデアレベルのものが、強力なサポーターの出現により、質的にも内容的にもレベルの高い成果が期待できる、画期的動向へ変えていくことだろう。革新とは、これまでにないものを見つけ出す作業であると同時に、より安全性を高めることでもあり、結果として安心と信頼につながらなければならない。つまり、情報を収集し、分析処理を高性能コンピュータが担当、圧倒的処理能力で精度の高い分析と解決策を見つけ出すことを、いとも簡単に成し遂げてしまう。しかも、生産過程におけるチェック機能や食料品の加工にいたる問題点をピックアップしておくことで、安全を確保することにつながっていくだろう。

特に、安全な食料品の供給には、生産現場から販売時点までの意識改革と正確なチェック体制を確立し、ユーザー目線を上回る商品の供給を心掛けることで実現できるはずである。生産コストプラス利益確保の問題もクリアできないことには組織の存続は不可能である。そこを乗り越えるヒントがイノベーションに隠されており、しかも、新たに健康志向優先の生産体制を構築する使命も果たしてくれるだろう。さらに、ヒトとコンピュータプラスロボットの力を取り込んで正解を見つけ出し、限界点を明確に把握することにより、不安を取り除くことができるだろう。新規性がないと改革ではないとの意識が先行しすぎると、今日のような、食の安全を確保するルートが複雑になり、不明確にしてしまった反省点に対応できなくなることは、これまでの経過パターンが教えてくれている。そこから抜け出すチャンスがＡＩ社会の到来であり、約束事の遵守や自然環境の持続的発展を促進し、食の安全欲求など生物の未来を明るくするために発想を転換する、絶好のチャンス到来ではないだろうか。

『植物は〈知性〉をもっている』の著者である、ステファノ・マンクーゾによる最新著書『植物は〈未来〉を知っている』（久保耕司訳・ＮＨＫ出版）のなかで紹介されているジェリーフィッシュ・バージ（クラゲの筏）とは海に浮かぶ農園のことであり、そのプロジェクト推進者として関わり、すでに２０１５年のミラノ万博で製品として展示済みという。いわく、人間活動と気候変動により土地の塩害化が進み、将来、地上での食料品の生産が不足するときがくるとみて、木造の筏に、淡水も土も、太陽以外のエネルギーを使うこともなく、野菜を生産できるというユニークなイノベーションの必要性を説いている。いまのところ、事業化希望者は現われていないというが、着眼点の素晴らしさは色あせることはない。いずれ活用されるときが必然的にやってくるだろう。こんなユニークなイノベーションの種は無限の広がりを見せることだろう。

もちろん、経済社会を支えているビジネス活動だけが、改革、イノベーション優先で突っ走ることは不可能であり、さらに、社会全体が一丸となり、自然環境の回復こそが最優先事項であることを確認し、いまこそ、先行して具体的行動に移す必然性が目先に迫ってきている。身近なところから具体化し、ビジネス活動の現場から、そして社会活動全般にまで広げ、現状の不安心理を取り除くため休まず改革を推し進めなければならない。その行為が、怒りと疲れが見える地球環境を回復させ、人類の生命を支えてくれている地球上の動植物への恩返しでもあるのだ。それにしても、ここまで進化を誘導してきたイノベーションの継続による成果に感謝し、さらなる躍進のために人類の英知を集約することが急務であることに異論をはさむ余地はもはや見当たらない。

ここでのビジネスモデルとは、イノベーションの積み上げこそが人類が進化してきた現実そのものであり、今後もその流れが途絶えることは考えられない。しかし、その中身やパターンなどにスピード感と意外性、もしくは、突然変異といった予想外の現象が現われることも否定できない。そこに、人工知能ロボットの出現により、業務範囲の拡大や正確さ、発想の斬新さや未知な領域の発見など、異質な世界観の夢が広がる可能性に期待が高まっていくことだろう。

## 6. エコビジネスモデル

地球上の経済活動をここまで開発し発展させてきたのは、資本主義体制とイノベーション、そして並行的に開発されてきたビジネスモデルとの相乗効果による成果だと考えることができる。もちろん、その道のりは平たんであるはずもなく、数えきれないほどの汗と涙のドラマが詰め込まれ、あるいはドラスチィックな技術革新や成功秘話などが語り継がれてきた、貴重な贈り物と受け止めることができるだろう。なかでも、産業活動による成果の累積は近代化を進め、生活水準を飛躍的に向上させ、昨今では、情報通信技術の躍進と相まって双方向の情報社会へと大きく転換させてきた。しかし、すべての物事が順調に推移し、理想的な社会の実現に向かっているかと問われたら、残念ながら実態とのギャップは大きく、むしろ問題点がいっそう拡散している傾向に神経を悩まされ続けている状況にあると答えるだろう。増加傾向にある世界の人口問題に加え、地球資源の枯渇問題、動植物など他の生物との共存関係の重要性、新たなウイルスとの闘いなど、これまであまりにも一方的な開発優先思想に踊らされてきたツケが、反作用となって重くのしかかっている現実を直視し、国際的な連携のもとで、一刻も早く対策を練り直し、実行に移さなければならない機会が到来していると率直に受け止めたい。

それでも、「経済成長なくして社会の発展はなし」とのスローガンを掲げて、産業活動はこれまでも、そしてこれからも改革競争を追い続けていくだろう。皮肉なことに、よりよい製品を世に送り出すためにしのぎを削り、精一杯努力してきたはずなのに、このところ、公害問題や気候変動、森林資源の伐採や動植物の乱獲などに関する批判や追及がことあるごとに取り上げられている。特に、自然環境に関する危機感と非難は際立っており、待ったなしの状況に追い込まれている現実が見え隠れしている。産業活動や食糧生産活動などは地球資源を有効に活用することで持続的発展につなげられるだけに、現状のような、将来に向かって大きな代償を支払う行為を解消し、身の破滅から免れるために知恵を集め、打開策を集約し、長期構想として打ち出さなければならない時である。

それにしても、自然に依拠する農産物の生産も畜産や漁業も、最終的に環境の循環サイクルに保護されているだけに、これから進むべき道筋を気ままに自由奔放に振る舞おうとしても実行不可能であり、思いとどまるしか解決策は見当たらない。同時に、宇宙原理という大きな枠組みに支配されている自覚を強く認識し、これまで以上に環境保護に関する一定の活動規制が課せられることは、避けて通れなくなる現実を共有することである。その他の産業活動に関しても枠組み自体の流れは同じであり、もちろん、戦争などによる略奪行為や難民の増加、都市や貴重な文化遺産などの破壊活動は許しがたく、損傷の規模も半端ではない。それに引きかえ、持続的環境保全のためにも、空間に豊富に存在する水素を活用した水素自動車用エネルギー開発事例のような、天然資源を有効活用した新規の技術発見に期待が集まるのは自然の成り行きでもある。

残念なのは、産業活動なくして人間社会の維持も発展も望めないのは確かなだけに、生態系の回復と新規の活動形態を追い求める狙いとは相いれないギャップが、方向転換の難しさや軋轢を解決するための壁になってしまい、一気呵成に新たな方策に乗り換えることが難しくなり、時間的猶予が必要なのが気にかかる。しかし、あと戻りは許されないだけに、一つの解決策として、これまでにない展開を求める切り口として、人力以外のスーパーコンピュータなどの強力なサポート能力に着目し、あらゆる必要情報を認識させ、模範解答を導き出し適応策を策定し、長期的な工程表まで策定してしまう手法が考えられる。プランの判定も枠組みも、人工知能に任せる可能性も視野に入れておきたい。ＡＩが人間の知能を凌駕するのは２０４５年頃との説も聞かれるが、たぶん前倒しになる可能性のほうが高いだろう。ともかく、新たな展開への道は強力なパワーが必要であり、近未来につながるだけに、これまでの延長線上の思考では時流に乗り遅れ、後塵を拝することは必至である。

近い将来、紛争解決の裁定役にＡＩロボットが登場する可能性もささやかれているが、そんなバラ色の話はしばらく置いておいて、もう少し現実の話、もはや夢物語ではない情勢を確認しておきたい。これまで述べてきた要点は、今後の産業活動は自然本来の循環サイクルを尊重した方向性に舵を切ることであった。

太陽エネルギーがスタート台だ。すべての植生は太陽エネルギーを活動のエネルギーに変え、動植物はそこからの産物を受け取ることで生命を維持している。その間に、気候変動による雨や風も加わり、水の補給と土壌の保全、巨大な組織を有する微生物もあらゆる場面において献身的な役割を担っている。もちろん、山も川も広大な海水の役割も見過ごすわけにはいかない。このような循環サイクルが繰り返されることで、生態系が維持され、人類もそのおこぼれをちょうだいして生きながらえてきた確かな歴史がある。これらの循環サイクルのどこかに狂いが生じると赤信号が点され、警報が発せられ、直ちに呼吸困難になるわけではないが、鷹揚な地球はじわじわと圧力をかけてくることに気づかない。そんな不利な環境を作り出している状況を深く認識しないことには、ここまで取り上げてきた、理由づけの意義を見失ってしまう。

この前提のもとに、主流とされてきた従来型ビジネスモデルをリセットし、新たなモデルの構築を画策するねらいが込められている。それは地球の自然環境破壊をストップさせ、かけがえのない生態系を回復させ、動植物全体が自然環境サイクルのもとで共存できる環境づくり。それを大前提にして、真正面から真剣に取り組まなければならない必然性に対する、前向きな提案に他ならない。

ただし、足もとの状況をしばらく振り返ることにしたい。いまや、インターネットやスマートフォンの普及、ＳＮＳ利用者の増加や自動運転自動車の開発など、身のまわりに画期的なツールが次々に出現し、同時に個人発の双方向情報も飛躍的に増加した。それがビッグデータとして活用されることで、それまでは企業活動特有の資産と考えられ守られていた多くの事柄が、データとして集約され分析されるようになった。これが新たに価値を生み出すことに皆が気づき、情報の活用環境が大きく変わってきたのである。これにより、不特定多数の個人発の情報が、世界中を飛びまわり新たなビジネスチャンスをサポートし、はからずも、企業運営を閉鎖型から開放型への競争環境の重要性を認識させる、大きな役割を担う立場へと変化したことを示唆している。

スマートフォン一つで世界中から買い物と決済ができる、ひと頃からすれば、夢のような便利さを享受できる環境が整ってきた。あるいは、あらゆるデータが価値を生み出し、無駄を省き、経営効率を高めることにつながる、願ってもない展開を目指すことで、ビジネス活動も新たなサービス提供と人的資源の有効活用が可能になり、改革の推進や次なる進化へつながる筋道が明確になってきたことである。

こんな効用も、変化へのアレルギーは伴うものの、少し時間がたてば当たり前のこととして受け入れ、さらに次へのスキルアップを当然のごとく求めるのがビジネス活動の常道として繰り返されてきた。しかし、足もとではこの便利さが曲者であり、ときに企業の方向感覚を惑わせ、不良品や規制に適合しない製品を出荷したりして、内部告発などで打撃を受け、経営不能に陥る事例などが相次いでいる。また、人の健康を左右する食料品に関しても、利益が先か健康が先かがわからなくなるほど情報が入りまじり、大きく揺れ動いているのが実態ではないだろうか。残念なことに、どこまでも競争は避けられないだけに、これだけ多くの種類の商品が出まわっていては、すべてが満足度の高い商品を供給することは至難の業ではないかと同情したくなるのが正直な気持ちでもある。仮に、無理だとすると、化学調味料を少なくし、自然の調味料を増やす取り組みしか方法がなくなってしまう。現実に「この調味料は使ってはいけない」的書物もよく見かけるが、あまりにも、その数が多すぎて覚えきれないのが難点である。しかも、売り場では、商品説明用のラベルに記載されている項目の数が多過ぎ、文字も小さいため、読み取るのに苦労することさえあるのだから。

工業製品や家電製品などは、厳格なまでの規制が敷かれているだけに、不正があれば直ちに告発されてしまう。その点では、以前よりかなり前進していることは確かである。ただ、いくら厳しい規制があっても、何らかの抜け道を巧みに利用して製品化し、市場に出まわってから問題が発見されるケースを防ぐことは容易でないだけに、安閑としてはいられない。そして、ユーザー対応とは別に、公害の垂れ流しやフロンによるオゾン層の破壊など、直接関係のない人々にまで被害が及ぶ事態を防ぐには、自己管理や予備知識の必要性、慎重な対応などが、常に求められていることを暗示している。特に、日常生活に欠かせない食料品の生産現場における処理対応こそ、健康被害に関わる重要な要件になるだけに、安易に妥協すると、あとの連鎖的反動が、思いがけない形になって現われる。

この流れは、結果的に健康被害を引き起こし、長期間にわたる対応策と見えないロスを生み、関連的に生態系破壊にまで被害が波及する悪循環に入り込んでしまう。そんな、過去の多くの事例を繰り返さないためには、社会的潮流としてユーザー本位の商品政策を徹底して追及する対応策に期待するしか道は開けてこない。

また、いまだ難問である世界の人口増加による食糧不足に対処するためには、遺伝子組換え食品を増やすしか手がないとする、先頭を走るアメリカ主導の資本主義体制とプロパガンダに踊らされているところに、問題の根っこの深さが見え隠れしている。あちこちから非難が出ても、最後は金銭的パワーや政治力で問題の核心を変質化させ、曖昧決着させてしまう狡猾さは、相変わらず変化していない。広大な国土を有していることで、大量生産による利益拡大意識を優先させる思考パターンを変えさせることは、巨大な天変地異でも起こらぬ限り無理かもしれないのだ。表面的豊かさゆえに、資源の無駄遣いや他人の不幸などは実感として理解できないのだろう。農産物も畜産も魚の養殖も、その延長線上にある思考と戦略であるため、それを解決するためには、やはり、スーパーコンピュータをベースにした人工知能の威力に頼らざるを得なくなる気分である。世界有数の穀蔵として大事な食料生産を担っているだけに、本来であれば、人類の未来を明るくするための改革の先鞭を切るリーダー役を積極的に担ってほしいものだ。

幸いなことに、「人工知能時代」という特筆すべき新たな変革の波が押し寄せている。この絶好の機会を活用し、環境を優先した新時代のマネジメントシステムを構築すること。つまり、新たなビジネスモデルを再構築するためには、これまでの懸案事項を鋭意解消し、生態系の復元をも包含した新次元のモデルを形成する、重大なターニングポイントに差しかかっていることを一人でも多くの人が認識し、声を発することではないだろうか。この未知なる分野を人工知能ロボットと共に切り開いていくチャンスが巡ってきたことを、真剣に受け止め推進させたいものだ。

これまでにも、経済の持続的発展に関する提言やスロー社会の実現など、各種の取り組みが話題になってきた。最近の動向として、イギリス発のサーキュラーエコノミー(Circular Economy 循環型経済）という考え方がある。原材料に依存せず、既存の製品や遊休資産の活用などによって、価値創造の最大化を図るというものであり、目下、盛んに啓蒙活動が展開されている。

たとえば、現在、日本では空き家対策が大問題になっているが、その一方で、新築住宅の建設が盛んだという矛盾は、資源ロスなどお構いなし、業界の利益優先を許してしまい、現実の経済制度では解決できないジレンマだけが通り過ぎている。木材を輸入に依存しているのに、木造住宅ゆえの安易な住宅意識を変えることなど無理な話なのだろうか。それだけに、その一つの方策である遊休資産の活用こそ、避けて通れない重要な提案として、あるべき姿に立ち返るきっかけ作りのためにも、取り組むべき価値は大いにあると考えられる。

自然の原則に則った生態系の回復を大前提にした社会生活や経済活動のあり方に関して、各種の視点から問題点を掘り起こし、これからの時代を豊かで実りのある世紀にできるよう、意識改革と行動規範を一人でも多くの人が守り抜いていく決意がなければ、偉大な方向転換を実現し、この難局を乗り切ることはできず、ペーパープランに終わってしまう運命が待ち受けているだけである。とはいえ、ここまで進化を支えてきた社会システムの変革だけに大事業であり、さらに、人間だけでなく動植物までも取り込んだ大改革であるため、実態を転換させていくことの難しさは半端でないことは十分承知の上だ。しかし、来るべき未来に向かって扉を開けることの重要性を訴え続け、現世代の責任であると自覚し挑戦し続けなければならない。幸いなことに、AI知能の進展によって突然変異が起こり、これまで不可能と思われてきた多くの難問の解決が容易になるなど、相乗効果への期待がふくらみ、まさに、取り巻く環境を大幅に改革できる千載一遇のチャンス到来と言い換えることもできるだろう。

ここで補足しておきたいのが、今、話題の「IoT（Internet of Things）」。すべてのモノにセンサーを組み込み、あらゆるモノ、機器同士で互いにやりとりできるというものだ。あらゆるモノがセンサーでつながると、基本となる数量の掌握が便利になり、正確さと経済性と効率性も数段に高めることが可能になる。最終的には、資源の有効活用にもつながり、地球温暖化やエコロジーの回復にまで飛躍的に影響をもたらす可能性がある。

これまで、生産段階での数量把握はコンピュータ管理で処理できても、物流から販売に進むにつれ、対処方法の曖昧さが表面化するのは避けられなかった。そこにＩｏＴが導入され、個々の商品にチップがはめ込まれると、手間をかけずに数量管理が正確に把握でき、盗難予防や紛失防止、作業ミスを減らす効果など、数々のメリットを呼び起こすことができるようになるのだ。また、どこの時点でいくつ移動があったのかを正確に掌握できることで、次に対処すべき作業手順が提示され、意思決定もロス管理も容易になる。現在、販売時点でのＰＯＳレジ（キャッシュレジスター）で、コード番号別に売れ行きを把握する手法で数量管理されてきたものから、さらに、在庫数量や消費期限別の管理が容易になり、発注作業の手間も省けトータルで資源の無駄の削減につながるなど、その波及効果は限りなく拡散し充実していくものと考えられる。

もちろん、生産時点における生産数量の把握も効率的になり、販売、そして消費者まで一本の線でつながり、トラブル処理などもスムーズに対処できるようになるだろう。いずれは、生鮮食品にも果物にも、そして肉や魚までチップがはめ込まれ、鮮度の高いうちに消費ができるようになり、懸案になっている廃棄処分などの無駄も減らすことができる。また、産地の誤記や消費制限日時なども、消費者自身が電子機器を使いチェックできるようになる。つまり、生産と消費がつながる関係が、正確で精細な関係づくりに変化することを意味している。なんにでもチップをつけることが可能だと言われているだけに、日常生活に関しても、応用範囲は広がるばかりといえるだろう。

商品ばかりではなく、出先からスマートフォンで家の冷蔵庫のストックを調べたり、風呂に水を入れるなど、便利さは格段に向上していくと考えられている。ただし、セキュリティー対策にも目配りしないと、他人に家のなかを見られたり、金庫を開けられたりする懸念もあるが、この技術が「人」にも適用されれば、超高齢者の健康管理や認知症対策などにも活用できることから、その可能性に期待したい。

そして企業にとっても、商品管理の質が上がり、経営体質の強化や従業員の能力アップなどに時間を費やすことが可能になる。そして不正を働くとチェック機能が働き、簡単に暴かれてしまう。ただし、機器特有の意外なもろさも露呈するから要注意である。さらに、コンピュータウイルスの侵入により商品情報を盗まれる危険性があるなど、常に、新たな課題発生に備えなければならなくなる。また、産地や生産材などがより明確になることで、製造国企業との線引きにも神経を使わなければならなくなるだろう。まさに何でも情報、何でもビジネスという生き残りをかけた貪欲な動きをサポートするツールとして、IoT化による情報の最大活用の発想がビッグデータへとつながり、その延長線上にビッグラーニング（深層学習）の考え方へとつながってきた。

さて前述のとおり、これまでは、個々の企業が独自に関連する情報を収集し、できる限り秘密裏に処理するスタイルだったが、グーグルやフェイスブックなど情報通信大手の出現によって、以前には考えられになかった情報収集能力の大きさに触発されたのと、改革の進展と競争関係の激化が意思決定スピードを上げざるを得なくなったなどの要因により、膨大な生の情報を有効資源として活用することに着目、コンピュータ技術を駆使して商品化に漕ぎつけた。情報機器情報は個々別々に案件を処理する目的であったものから、人間の識別・分類能力を超えた性能を引き出し、転換できるという、その限りなき可能性と情報機器の飛躍的性能アップとが相まって、今後の方向性の基本地図を大幅に書きかえてくれることへの期待感により、一躍主役の座に躍り出た感がある。

しかも、利用者から発信される累積情報そのものが新たな価値を生み出す宝の山であることに気づき、これまでとは別の異次元発想と再活用が可能になり、あらゆる場面に影響を及ぼし発展的波及効果が期待でき、さらなる夢がふくらんでいく。もちろん、同時に、個人情報保護や心理的不安の増大と反発、ハイテク機器が苦手あるいは使わない人への対応、普及へのタイムラグなども考慮に入れておかなければならない。それでも、すべてのモノと人も個による掌握が基本となり、ネットワーク活用の広がりを抑制することは困難になるだろう。

さらに参考意見として、これまでコンピュータによる処理は、機械学習と呼ばれ大量のデータを記憶し演算する機能レベルであったものから、さらに進化してディープラーニングの考え方、そこには、こんなわかりやすい表現もあるように、速い、安い、大量のＩＴ環境、そして法的インフラをも含むさまざまなインフラの整備、普及が現実のものになった。あらゆる機器同士で互いにやりとりし、自動的にデータを発生させ、蓄積させていこうという流れがＩｏＴといえる。このＩｏＴの考え方が具体化することで、ＩＴ環境の高度化を促し生産過程から社会生活まで大規模な変化をもたらし始めている。そこにつながるのが、ニューラルネットワークと呼ばれる人間の脳神経回路の仕組みや構造を模したものので、それによって人間とよく似た思考を行なう仕組みで、それが徐々にできるようになってきている。いわゆる反復学習することでレベルアップし、人間に太刀打ちできるようになってきたのである。

人工知能という言葉が使われだしたのは１９５６年といわれており、その後、紆余曲折を経ながら、ついに機械に知能を与える試みが成功を収め、部分的に人に追いつき追い越そうとする方向が見え始めている。そして将来は、人工知能自身が文化をつくる、そのための言語も必要になる。こんな動きも夢ではなくなるだろう。その時、人間の心理状態はどのように変化し、対処しているだろうか。いまのところ、受け止め方は人それぞれであるものの、あと20年後ぐらいを目途に、夢物語が現実化すると予測されている。

はからずも、30年は先だろうと言われてきた、夢のコンピュータでもある量子コンピュータの試作品がＩＢＭなどから発表されている。量子ビットを増やすことで計算能力は指数関数的に増強できるという。いまのところ、化学合成や暗号解読、産業素材の解析などのほかに、産業的に影響を与えそうな用途が見つかっていない状況だといわれている。しかし、この途方もない能力の可能性を秘めているコンピュータ開発には、当然のように、有力開発国や先端企業間の先陣争いが激化しており、いやが上にも、今後の行方に注目が集まっている。まさに人類の英知は、止まるところを知らない展開を見せ、未知の世界の入り口に差しかかっている。すごい時代が到来したものだ。

続いて、次に紹介する指摘も興味深いものがある。

《コンピュータで自然現象をシミュレーションすることができると、そこから得られる知識は、人間が作り出した記号で表現される言語世界を越えて、自然法則に基づく物質世界の振舞いに直接働きかける力を持ちます。具体的には、未知の化学物質や人工材料などの探索が可能になり、それらの機能の理解や、合成および制御の方法論の開拓が促進され、新しい効能を持つ薬剤や新しい性質をもつ素材などの研究開発が大きく加速されるでしょう。自然現象のシミュレーションは、未知の世界を切り開く大きな力を秘めているのです》（『人工知能はこうして創られる』～第5章「ナチュラル・コンピューティングと人工知能～アメーバ型コンピュータで探る自然の知能」より抜粋／第5章執筆・青野真士／株式会社ウェッジ発行）。

この意味は、再三述べてきた生態系への回帰の可能性につながる指摘である。今後、産業活動が活発になり生活スタイルが進化することで、自然現象に支配されエコロジーを維持する大切な視点を忘れ、傍若無人な行動を繰り返してきた反省を踏まえ、原点回帰の道すじを自然法則の力に付託し、夢のふくらむ道すじの拡大をそれとなく暗示している。

その大転換を促す要件とは、人がいくらわめいてみても、太陽光エネルギーの恩恵に逆らうことなど不可能であり、また、自然界の力に抵抗できる力を持てるわけもなく、しかも、絶対的なパワーを握られているために、いまさら勝手な行動を起こそうとしても、限界という壁に押し戻されてしまうことを、脳裏に刻み込むしか解決策は見当たらない。しかし、現実の生命を持続させるために、ギブアップするわけにもいかず、そこに、タイミングよくＡＩ化時代を迎え、わずかながら可能性の芽がふくらんできたことを追い風にし、勇気をふるって方向転換を成し遂げるチャンス到来でもある。この先どれほど人類が賢くなったとしても、自然現象の前には、太刀打ちできない、強靭な無言の壁がはるか彼方まで横たわっており、永遠に越えられない監視役として立ちはだかっていると心の中で素直に言い聞かせるしか模範解答はなさそうだ。

ところで、以前にも増して、環境問題への国際的な関心が高まっており、パリ協定に対するアメリカの大人げない反対論に対して非難の声があがっている。大国意識云々より、その必要性の認識が浸透してきたことが確認でき、その意思表示の声は大きくなるばかりである。その元凶である産業活動の高度化に伴う環境汚染や気候変動など、予想外の事態を黙認できなくなったことへの、明確な意思表示でもあるからだ。また、国連が定めたＳＤＧｓ（Sustainable Development Goals／持続可能な開発目標）にも気候変動対策や水保全などの環境対策、さらに、貧困撲滅や女性の社会活躍推進などの動きに連動して、国内企業でも採用の動きが増加している実態は大いに歓迎できる。このように、国際的な環境問題への取り組み方は着実に進捗しており、この流れに乗ってネットワーク活動への期待感が高まり、深化していくことが予測される。

産業界も、このような時代変化の流れに背くことなく、先頭に立って行動を起こし、これまでのビジネススタイルを見直し、新たなビジネスモデルを実現するチャンス到来と受け止めるなど、積極的な対応をしてほしいものだ。しかし、大事なことは、まわりの国々も含めて、掛け声だけで終わらせないための環境作りは着実に進行しており、乗り遅れないために、前向きな姿勢と最善の努力により実効性を高めたい。もちろん、諸々の変化への受け止め方も対応も、それぞれに異なり、理解の程度にも温度差があるのは避けられない予測不能な現実である。それだけに、一概には論じられない難しさにも配慮が求められる。

今度のＡＩ化の進展は、これまでとは比較にならないほど、取り巻く環境に大幅な革新が予測されるだけに、高度な専門職種や既得権益に守られてきた大企業に、影響が及ぶ可能性が高い。高い知能レベルが求められるとされる医師やハイレベルの専門研究者、そして弁護士などの職能には、ビッグデータを解析し判定する能力に秀でているＡＩの力を活用するパターンには勝つことはできない。もちろん、ＡＩ化に対するこの辺の事情把握について、優秀なＡＩが職場での自分のポジションを奪うといった早計な誤解を修正し、また、遅かれ早かれ、労働者は、就業・就社ではなく、ワーク提供主体となる（『人工知能が変える仕事の未来』野村直之著／日本経済新聞出版社より）。こんな指摘も、冷静に受け止める余裕が欲しい。この著書には、理論の裏づけと実践面に関する具体的な提案が詳細に盛り込まれていて、読み応えがある。是非、一読をお勧めしたい。

ところで現実の動きとして、いま、話題を集めているフィンテック。金融機関も、フィンティクに代表されるＡＩ化の流れに逆らうことはできず、自ずと出番が増えてくる状況から逃れることはできそうにない。これまでの金融業優位のビジネススタイルから、マイナス金利時代に突入したことで利益を上げにくくなり、対策をスピードアップさせるなど、方向転換を急いでいる。

コスト削減の手段として、店舗の縮小や人員削減、それを支える切り札がＡＩの活用であり、すでにロボットによる接客や投資アドバイスなどの導入も始まって、生き残りのための関係企業との提携などに積極的に取り組んでいる。これまで既得権に守られてきた企業も、厳しい競争環境に対処すべき意識転換を迫られ、時代のニーズに沿った業態変化を急がなければならない意味合いは、特権意識の転換の波が着実に押し寄せていることを、はからずも示唆している。これこそ、新たなビジネスモデルへの転換を予告するものであり、これまでに経験したことのない、業態変更も視野に入れた経営革新を断行する、避けて通れない、大きな波が押し寄せてきていることを如実に表現している。

また、これまで、お金は法定通貨に守られ、効率的に運用することで、安定基盤はゆるぎないものと誰もが信じ切っていたところに、ビットコインのようなデジタル通貨が現われ、自分たちでこの仮想通貨を取引する市場をコンピュータの中に開設するという、斬新な発想には驚かされる。これは、広い意味でのイノベーションであり、民意の力が表面化した突然変異による事例と考えられる。昔々の貝殻通貨で取引してきた手法を、ネットワークでつなぐシステムととらえることもできる。ビットコインの考え方には、取引決済手段として、クレジットカードの利用やモバイル決済などが増え、現金支払いの減少傾向が強まっている点なども、背景にある関連的要因になっている。まだ規模も小さく、早速トラブルに見舞われるなど、安定的とは言えないまでも頭から抑えることはできず、いまでは公的にもそして金融機関にも注目され、紆余曲折を経て次第に広がりを見せていくだろう。

安全対策の中核をなすブロックチェーンの高度な技術力なども今後、大いに期待が寄せられている。これまで絶対的と思われてきた形態に、大衆の知恵が集約され大胆な提起となる、理想的なモデルではないだろうか。しかも、人にとってもっとも大事なお金にまつわるシステムに挑戦するとは、公的機関も金融機関も予想もできなかった事態といえよう。

このように、大企業であっても既得権利にあぐらをかいていると、突然、落とし穴に引き込まれるような事態が想定外の場面で起きてくる。それだけに、ユーザー本位のビジネス姿勢と不正を防止し本音を伝え、驕ることなく自由な発想と真剣な努力に加え、将来予測も怠らない体制が連綿として求め続けられていかなければならない。

その裏づけになるのが、革新を推進するのに欠かせない強力な助っ人としてのＩｏＴやビッグデータを含めたＡＩ化社会の知恵である。これまで、その場限りで済まされてきた物事に対する解釈や判断が、学習能力を身につけ、人間以上に知能を持つ人工知能ロボットの出現によって、ごまかしや時間稼ぎの手法が通用しなくなるのだ。これまでとは推進エンジンが大幅に改善されスピードアップされて、高度化される意味合いを見通せないと、負け組に転落する危機対応への備えができなくなってしまう。また、固定観念が通用しなくなり、常識と思われてきたことが非常識に変わるなど、人間本来のあるべき判断基準に戻っていく可能性も否定できなくなる。これまで、世界中にネットワークを張り巡らし、規模拡大している大きな組織にとっては、メリットもある分、デメリットも多く、この情報化時代に歓迎されるビジネススタイルとは思えない。

それよりも、それぞれに特色を持ったネット同士でつながるのが理想的パターンであり、グーグルやアマゾンのような特定の組織が存続すること自体、競争関係がいびつであることを示している。アメリカ国内でも、懸念が出始めているのは、改革意識が低下しつつある兆候ではないだろうか。おりしも、欧州連合（ＥＵ）は、個人データ保護規制を大幅に強化する新規制を施行すると報じられている。ビッグデータを適切に取り扱わないと、本人の望まぬ形で流通してしまう危険性があるためで、個人に関するデータ保護を基本的人権と明示している。また、法制の整備や運用を強化する動きは、早晩、世界的な流れになるのは間違いないだろう。

ネット業界の巨人、アマゾンのように、巨大な底網漁船のごとく、多様で大量の商品を強引に抱え込み、ネット市場をパワーで制圧するスタイルには、いささか倦怠感を覚える。コストを下げ大量に販売する手法は、自由競争の時代とはいえ、新たなビジネススタイルを目指す方向性とは相容れない違和感を捨てきれない。大量販売によるコストダウン方式は、配送システムの高度化が進んでも、競争意識ばかりが先行し、実際にはそれほど「良い品を安く」にならない。そればかりか、勝ち残るためのしわ寄せが末端部門に覆いかぶさり、粗悪品を安く提供する宿命的なシステムから抜けだせないからである。そんな方式がいつまでも続くとは考えられず、いずれは限界現象が生まれ、新たな業態が生まれてくると考えられる。

むしろ、適度な規模で先端的サービスを持続的に提供してくれるパターンのほうが望ましく、長期的に安定する割合が高く、満足度も得られるだろう。現行の、規模ばかりに目がいき、広告費用でサービスを提供するような業態はあまり好ましい姿ではなさそうだ。また、中小組織のほうが生き残る可能性が高いのは、組織の自由度が高く、考え方にも幅がありユニークな発想も出やすく、他ではまねのできない商品作りが可能であることと、地域密着型で、大事なコミュニケーションづくりも得意なことが強みである。AI時代は先端情報が誰にも身近に得られるだけに、むしろ、小規模経営のほうが対応能力も高く、臨機応変に商品開発対応が可能であることは言うまでもない。下請けスタイルも過去のものとなりつつあるように、必要なものを必要なだけ生産する、無駄を省き満足度の高い製品を市場に送り出すことができる、本来の姿を追求する時代のニーズに適応した経営ではないだろうか。

このような動きは、公的機関なども、規制の枠組みをコントロール手段にした〝上から目線〟で緊張感のないスタイルを続けることは過去のものであることを強く認識しないと、変わり身の早い社会態勢からスポイルされてしまう可能性も出てくる。杓子定規で不親切なサービスしか提供できないのであれば、むしろ、知能ロボットに代替してもらったほうが効率的であり、受け手としても無駄な神経を使わずに済むというものだ。なお、マイナンバー制度が浸透し、ネットワーク化が進むことによって住民管理が強化されるというよりはむしろ、距離感が短縮されることで、本来の役割である住民をサポートする体制が機能するようになるだろう。

ともかく、保守的職場には緊張感が失われ慢性的になり、そこから無駄な感覚が蔓延する傾向は古今東西いずこも同じパターンであるだけに、防ぐ手立てが意外に難しく、その間、スキを縫って新たな競争相手が現われるスタンスは簡単には変わりそうもない。そんな無駄を抱えた組織の末路は、ＡＩ化が進めば置き去りになる可能性が高く、常に相手方目線のビジネス姿勢を貫くことで、この難局を乗り切らなければならない。

社会的インフラといわれるまでに成長したコンビニでさえ、人手不足と過当競争、そしてデジタル通貨で支払い可能な時代であり、その対策として、無人店舗構想も打ち出され始めている。アメリカや中国では、すでに導入済みの店舗も存在しているというから、業界の内情が大きく変化する実態は無視できない。近ごろは以前の活気がなくなり、現状維持か業態変更の時期を迎えているのかもしれない。

農業の活性化も、デジタル化や大型経営で生き残る方法論が生き残りの条件のように語られているものの、そこに利益指向の大規模農業スタイルをめざすとなると、残念なことに本末転倒になってしまう。工場式の地下野菜施設や太陽光を必要としない野菜生産工場なども、先進的意味合いは感じられるものの、やはり、太陽光の恵みを受けた生鮮野菜の栄養分やおいしさにはかなわない。地平線の彼方まで続くような農場とは比較するほうが無理な話であり、むしろ中規模程度で、しかも自然栽培による野菜つくりこそ、消費者の満足度を高め、安心感と感謝の気持ちが伝わってくる。適度な生産規模のほうが弾力的に対応もでき、生産者としての満足度も高まり、自信をもって、鮮度の高い農産物を市場に送り出し、消費者の信頼を勝ち取ることができる可能性は高まるばかりであり、そして歓迎されるだろう。

問題は、ここでのテーマである、経済と経営を推し進めるためには、時代のニーズをしっかり捉え、各種の改革を絶え間なく継続させ、常に新たな価値を生み出す工夫を持続させる努力を続けること。このゴールなき連続性が、結果的に規模の大きさと投下資本の回収を急ぎ、捨てがたい利益追求意識も手伝って、利用者の意図に反するような行為に走ったりする。また、有望市場と映れば競争者の参入が激しくなり、過当競争を呼び起こす要因をつくり出してきた。これまでに、このようなサバイバル競争が循環的に繰り返される過程で新たなビジネスチャンスが芽生え、新しい市場が形成されてきた。ビジネス環境にとって競争関係こそ進化の基本であり、改革のエネルギーであることは否定できない。しかし問題は、過当競争による無駄を排除することができないこと。地球資源のムダ遣い、もしくはエネルギーロスを無視してまでも、競争関係に勝利することを優先させ、デメリットを見逃し、走り続けてきた経緯を見落とすことはできない。

人は日々活動するためのエネルギーを、食事をとることで獲得している。経済学的にその調達先を要約するならば、経済行為として関係組織体が主体的に役割を分担し、生産活動と流通活動を経由して商品が市場に送り出され、消費者の手元に届けられる作業が繰り返されている、ということになる。その間に、需要と供給量の均衡点を探し、ロス率を引き下げる配慮をしながら生産量を決定しなければならない。しかも、生産側はベストを尽くして生産品を市場に送り出し、消費者側は安全と満足度の高い商品を選択し、買い求めることで、双方の思惑が一致したことになる。しかしその裏には、そんな短絡的では済まされない、どろどろとした実態が隠されている。複合的に組み合わさった競争環境の波が絶えず打ち寄せ、その波に耐えるため、常に改革と利益追求を求められることなどから、理想追求型の経営を推進することを難しくしてきたという背景がある。本来のビジネス行為とは、太陽エネルギーの恩恵を最大限享受し、生態系のサイクルに守られながら、生命維持をサポートすることに主眼を置いた活動でなければならないはずなのに、理想よりも利益第一主義に追い立てられ続けてきたのは、大いなる反省材料である。

しかし、いまや、グローバル主義かつローカル主義の時代であり、ローカル主義でありながらグローバル主義の時代でもある。情報ネットワークにより、ニュースは世界中を駆けまわっている。この実態こそが、地域主体の経済圏を守りつつ、世界とも密接なつながりを持つ、今後の経済活動のあるべき形である。科学技術が高度化され、取り巻くビジネス環境も大きく変革する中で、ＡＩ時代の幕開けがもたらす新天地開拓への夢の実現。そのために、これまでのビジネスモデルから脱皮し、時代のニーズに敏感に対処できる、新ビジネスモデルにギアチェンジを敢行し、消費者優先の経済社会実現を目指す時が巡ってきている。そして、ビジネス活動の境界線そのものも取り払われ、協調と創造、地域密着型の経済社会が形成されていくだろう。この絶好のチャンスを実現するためには、地球イズムの枠組みを尊重し、自然環境への敬意と生態系への回帰を最優先させ、新たな時代を確かなものにするべく、一人でも多くの人の力と誠意をかけ合わせ、着実な相乗効果を高める道筋を見つけ出す楽しみが戻ってくる。

# おわりに

長い道のりをたどり、ようやくゴール地点らしきところに到達することができた。競争環境の変化とともに、常に揺れているビジネスモデルのあり様を求め、紆余曲折しながら拡大と膨張を追い求めすぎているグローバル経済の行く末と、ＩＴ化進行による大きな変革に直面している諸課題を念頭に置き、経営的視点に深く関連する要因を加え、少しばかり角度を変えた捉え方でまとめてみた。

特に、将来に向けて経済社会や社会生活が熟成するためには、自然現象との調和がとれた経済活動への回帰の道をたどらないことには、いずれは大きな壁に突き当たるという懸念がつきまとう。大切なのは、生態系との循環サイクルをないがしろにする選択肢はあり得ないことをしっかりと受け止めなければならないということである。

この関係が順調であることが、地球上のあらゆる生物にとって最良の選択であり、かつ、エネルギーの無駄も省かれ理想的な環境を取り戻せることにつながっていく。誰にも関心の深い健康問題の根本を支えているのが、自然環境と生態系の正しい循環による恩恵に浴することであり、日々の心の安定にも大きく関わるキーポイントであることを、再度確認しておきたい。

これらの循環性は、農業や漁業という日々の食料生産活動はもとより、企業の生産活動にも自然とのサイクルに順応することで、多大な恩恵をもたらし、同時に、樹木や土壌、水や空気などにも好循環の輪を広げていく。これらの自然の流れに回帰することこそ、人類に与えられた使命ではないだろうか。そのほうが、競争ばかりに明け暮れて時間を過ごすよりも肩の荷が下り、さっぱりとした気分にさせてくれる。

しかし、よく考えてみると、この一世紀ほどは、人類の歴史の中でも際立って飛躍してきた世紀といっても間違いないだろう。それだけに、自然環境に多大な負荷を与えてしまった事実も忘れることはできない。この飛躍には、これまで経験したことのない「人工知能ロボット」という新たなる戦力が加わることで、あらゆる局面に未知なる変化が待ち受けていることを理解しておかなければならない。

さらに、強力な推進力である情報通信機器などによる情報交換手段を大衆が手に入れた影響力の大きさを挙げることができる。スマートフォンに代表される情報入手や活用手段を利用して、暇さえあれば世界の動きや各種情報をクリックしている姿を見ると、変化の大きさに驚かされてしまう。魔法の手のように頼りきっている姿は少し異様であり、表面的な情報に左右され、世論の動向にまで影響がおよぶ怖さも感じ取れる。些細なことで罪を被らされてしまう事態が各地で散見されているとおりだ。とはいえ、大衆による目覚めた民主化を促進し、かつ情報通信文化というツールまでつくり出してきたプラス要因は貴重である。そして、政治の迎合や経済活動、そして世論の動向まで影響が波及している状況も無視できなくなっている。

その支えは、人と情報のネットワーク化による力であり、無限ともいえる浸透性を秘めている強力なツールでもある。この民衆の力により、世論が形成されていく流れは歓迎できるにしても、これらの要因がミックスされ攪拌されて世界を駆け巡り、数の力で怒涛のように押し上げたり押しつぶしたりする動きには、細心の注意が必要である。数による暴力は突如として抑制できなくなることが多いだけに、冷静な対応だけでは済まされなくなり、ときに、警察や軍隊の出動にまで発展しかねない怖さがある。それにしても、世界が一つになり統一行動を起こすことなど夢物語であり、望むこと自体が無理な話である。同じように、IT化も人工知能ロボットにしても万能ではなく、同時に、しかも一様に浸透するわけではなく、随時、先端的職能や激しい競争関係にある分野などから学習し、広がっていくだろう。ただ、従来よりもスピードも速く、新しいパターンに生まれ変わる可能性が高いことを覚悟しておかなければならない。

大事な点は、一挙に自然環境や生態系の回復を取り戻すことは不可能であっても、意識転換の必要性を自覚し、ネットワークの輪を通じて改革を実行に移す勇気であり、次第に成果となって現われることを強く信じたい。特に、人の幸せと動植物との共生も大切にし、格差をなくす工夫も忘れることなく、人工知能とも折り合いをつけ、次の世代に誇れる遺産を引き継いでいく責任を果たさなければならない。そんな意気込みを持続させ、静かに訴え続けたい。

最後に、出版に当たりお世話になった落合英秋社長に感謝します。

２０１８年7月吉日

野澤宗二郎

著者紹介

**野澤宗二郎**（のざわ・しゅうじろう）

長野県生まれ。大学卒業後、企業の教育訓練計画や講座開発と運営ならびに研修会講師、経営アドバイザーなどを務め、その後、大学教員として学校教育に携わる。現在、進化複雑性研究所主宰。

著書に『経営管理のエッセンス』『まんだら経営』『複雑性マネジメントとイノベーション』『スマート経営のすすめ』、共著に『販売促進策』『商店診断』など。


## 次代を拓く！　エコビジネスモデル

2018 年 9 月 25 日　第 1 刷発行

著　者　野澤宗二郎《のざわしゅうじろう》

発行者　落合英秋

発行所　株式会社 日本地域社会研究所

〒 167-0043　東京都杉並区上荻 1-25-1

TEL　(03)5397-1231( 代表 )

FAX　(03)5397-1237

メールアドレス　tps@n-chiken.com

ホームページ　http://www.n-chiken.com

郵便振替口座　00150-1-41143

印刷所　中央精版印刷株式会社





ISBN978-4-89022-227-8